人工智能前沿实战丛书

U0154884

知识图谱从 0 到 1：
原理与 Python 实战

刘 威 编著

清華大学出版社
北京

内 容 简 介

本书旨在帮助读者全面理解知识图谱的基本原理和概念。通过清晰的解释和实例，读者将深入了解知识图谱的构建、表示、推理等关键知识点。此外，本书通过提供代码实战，引导读者亲自动手构建知识图谱，并应用各种技术和工具进行实践。这种实践性的讲解方法可帮助读者更深入地理解知识图谱的实际应用。本书的目标是帮助读者全面理解知识图谱的基本原理和概念，并通过代码实战构建知识图谱。同时，本书也提供了关于大语言模型与知识图谱相结合的内容，让读者进一步探索这两个领域的交叉点。

本书内容对于人工智能基础研究有一定的参考意义，既适合专业人士了解知识图谱、深度学习和人工智能的前沿热点，也适合对人工智能感兴趣的读者阅读，同时本书也可作为相关开发人员的自学用书和参考手册。

图书在版编目（CIP）数据

知识图谱从 0 到 1：原理与 Python 实战 / 刘威编著. —北京：清华大学出版社，2024.5
（人工智能前沿实战丛书）
ISBN 978-7-302-66234-1

Ⅰ．①知… Ⅱ．①刘… Ⅲ．①知识信息处理—研究 Ⅳ．①TP391

中国国家版本馆 CIP 数据核字（2024）第 096756 号

责任编辑：王秋阳
封面设计：秦　丽
版式设计：文森时代
责任校对：马军令
责任印制：刘　菲

出版发行：清华大学出版社
   网　　址：https://www.tup.com.cn，https://www.wqxuetang.com
   地　　址：北京清华大学学研大厦 A 座   邮　　编：100084
   社 总 机：010-83470000   邮　　购：010-62786544
   投稿与读者服务：010-62776969，c-service@tup.tsinghua.edu.cn
   质量反馈：010-62772015，zhiliang@tup.tsinghua.edu.cn
印 装 者：涿州汇美亿浓印刷有限公司
经　　销：全国新华书店
开　　本：185mm×230mm   印　张：16.25   字　　数：326 千字
版　　次：2024 年 6 月第 1 版   印　　次：2024 年 6 月第 1 次印刷
定　　价：99.00 元

产品编号：097599-01

前　言
Preface

创作背景

在目前市场上的知识图谱书籍中，大多数都侧重于理论介绍，旨在帮助读者理解知识图谱的基本原理和概念。然而，本书与其他书籍不同，第一篇主要着重于知识图谱的原理，并详细解释了其中的关键概念和方法。读者可以通过该篇全面了解知识图谱的基础知识。本书的第二篇侧重于实践，通过代码实现的方式向读者展示了如何应用知识图谱的技术。该篇第 7 章使用了一个完整的项目作为示例，读者可以跟随代码实现的过程，逐步构建一个功能完备的知识图谱应用。此外，第 8 章还对大语言模型进行了探讨和实践。

通过将理论和实践相结合，本书旨在帮助读者全面掌握知识图谱的理论和实际应用。无论是对于初学者还是已经有一定基础知识的读者，本书都提供了有价值的内容，可以帮助读者深入理解知识图谱并将其应用于实际项目中，同时读者将会对大语言模型有一定了解，能够实践部署部分经典大语言模型。

目标读者

本书适合对知识图谱感兴趣并希望深入了解理论和实践的各类读者。无论是学术界研究人员、数据科学家、企业决策者还是软件开发者，都可以通过本书全面了解知识图谱的原理、方法和应用，并将其应用于自己的领域和项目中。同时，对大语言模型有兴趣的读者也可以通过本书进一步了解和理解大语言模型。

本书内容

本书分为两篇（8 章），具体内容介绍如下。

第一篇　基础篇

第 1 章：探讨知识图谱的历史、发展以及现状。

第 2 章：对知识图谱的构建技术进行了探讨。

第 3 章：描述了知识图谱的应用。

第 4 章：侧重描述数据的采集技术和数据处理过程。

第二篇　代码实践篇

第 5～7 章：围绕知识图谱的构建进行了代码实操。

第 8 章：重点对大语言模型进行了探讨，同时对大模型与知识图谱的前景提出了一些看法。

读者服务

☑　示例代码。

☑　数据资源。

读者可以通过扫描本书封底的二维码访问本书专享资源官方网站，获取示例代码、数据资源，还可以加入读者群，以下载最新学习资源或反馈书中的问题。

勘误和支持

由于笔者水平有限，书中难免会有疏漏和不妥之处，恳请广大读者批评指正。

致谢

本书的撰写过程中，特别感谢清华大学出版社的王秋阳编辑给予的鼓励与支持。在编写第 7 章关于构建知识图谱应用前端网页的内容时，我的大学同学李云飞提供了宝贵的建议和指导。

笔　者

目 录

Contents

第一篇 基 础 篇

第二篇　代码实践篇

第一篇

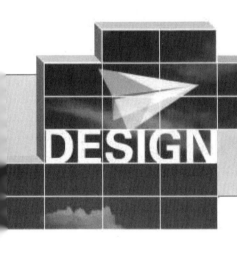

基础篇

第 1 章
知识图谱概述

本章将全面探讨知识图谱的历史、发展以及当前的现状。读者将了解知识图谱的起源和演进，包括早期的知识表示方法和推理系统，以及知识图谱的重要里程碑和发展趋势。此外，本章还将深入探讨当前知识图谱的应用领域和挑战，涵盖领域知识图谱、通用知识图谱等。读者将对知识图谱在各个领域中的应用和潜力有一个全面的了解。

1.1 知识图谱的概念

知识图谱（knowledge graph，KG）旨在描述客观世界的概念、实体、事件及其之间的关系，本质是语义网络知识库，可以对现实世界的事物及其相互关系进行形象化的描述，也可以从互联网海量信息中形象化出实体关系进行知识存储。

2012 年谷歌（Google）正式推出知识图谱的概念并将其应用在谷歌搜索，其初衷是提高搜索引擎的能力，优化用户体验。有了知识图谱作为辅助，搜索引擎能够洞察用户查询背后的语义信息，返回更为精准、结构化的信息，更好地满足用户的查询需求。Google 知识图谱[1]的宣传语"things not strings"给出了知识图谱的精髓，即不要无意义的字符串，而是获取字符串背后隐含的对象或事物。谷歌搜索"鲁迅"的结果如图 1.1 所示。

下面以图 1.1 为例解释知识图谱的概念，谷歌搜索引擎检索关键词时，右边 knowledge graph card 更直观地展示了人物实体的具体信息。

互联网上拥有丰富的资源。但是，大多数的资源都只能被人理解，却无法被机器理解，如何让机器像人一样理解文本？答案是使用知识图谱技术，即使用知识图谱建立和应用的技术，融合了认知计算、知识表示与推理、信息检索与抽取、自然语言处理与语义 Web、数据挖掘与机器学习等方向的交叉研究。知识图谱本质上是一种语义网络，以实体或者概念作为节点，通过语义关系相连接。知识图谱来源于语义搜索、机器问答、情报检索、电子阅读、在线学习等实际应用。以"孔子"为例，知识图谱数据节点的显示如图 1.2 所示。

图 1.1 谷歌搜索"鲁迅"的结果

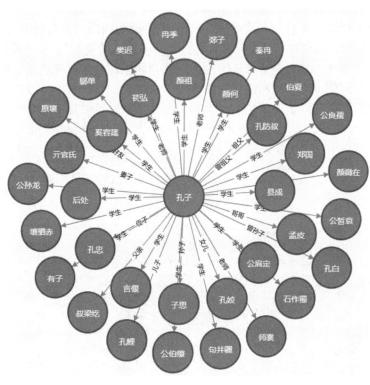

图 1.2 知识图谱中的数据节点:"孔子"示例

通过上面的例子我们会有一个大致的认识，那什么是知识图谱？我们分两个方面来看，即知识（knowledge）与图（graph）。什么是知识？知识是人类文明发展以来人类对客观世界探索的结果，如俄罗斯科学家德米特里·伊万诺维奇·门捷列夫发表归纳的元素周期表，或是被我们所熟知的爱因斯坦提出的狭义相对论中的 $e=mc^2$ 公式。知识作为人类对客观世界认识的表达，具备一定的局限性。针对地球的形状，人类文明的不同时期就有着不同的解释，随着人类科技的发展，才确定了地球是一个两极稍扁、赤道略鼓的不规则球体。知识的形成伴随着推理、归纳、实践，当然，在知识的形成中往往也伴随着大量的冲突和辩证。

图 1.3 为 DIKW 体系，即关于数据、信息、知识及智慧的体系，可以很直观地看出从数据获取到智慧形成的层级关系和流程。该体系可以追溯至托马斯·斯特尔那斯·艾略特所写的诗——《岩石》。在首段，他写道："我们在哪里丢失了知识中的智慧？又在哪里丢失了信息中的知识？"（Where is the wisdom we have lost in knowledge?/Where is the knowledge we have lost in information?）

图 1.3　DIKW 体系示意图

上面介绍了知识的概念，下面进一步对图进行阐释，在计算机课程中，图是一种比较松散的数据结构，图往往用来表示和存储具备"多对多的关系"，是一种很重要的数据结构。它有一些节点，节点与节点之间也会存在着联系，一张图往往由一些节点和连接节点的边组成。例如，计算机网络就是由许多节点（例如计算机）和节点之间的边（如网线）构建的。城市的地铁系统也可以理解为图，地铁站可以理解为节点，北京地铁示意图如图 1.4 所示（图片来源为北京地铁官网 https://www.bjsubway.com/）。

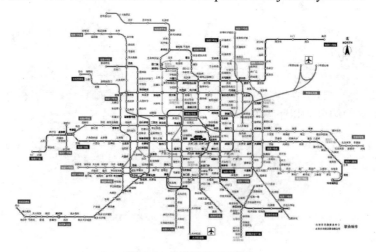

图 1.4　北京地铁示意图

通过对上面知识和图的了解，可以知道知识图谱与此类似。图 1.5 是构建的一个人物图谱的片段，可以看出图上有很多节点和边，知识图谱也是由节点和边构成的。节点表示实体或概念，边表示实体的属性或实体间的关系。图 1.5 中"项羽"与"虞姬"是两个节点，节点的关系是"妻子"。我们将"项羽-妻子-虞姬"这种表达方式称为资源描述框架（resource description framework，RDF），简称为三元组，把实体、属性、属性值归纳为 RDF，这是一种常见的表达知识图谱的方式。它属于实体属性，常见的还有实体关系。

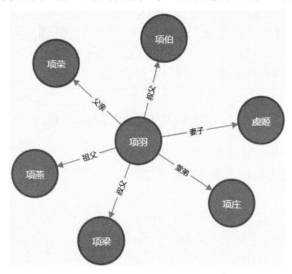

图 1.5　知识图谱节点示例

知识图谱中的节点可以分为以下两种。

（1）实体：指具有可区别性且独立存在的某种事物，如一个人、一座城市、一种商品等。某个时刻、某个地点、某个数值也可以作为实体。实体是一个知识图谱中最基本的元素，每个实体可以用一个全局唯一的 ID 进行标识。

（2）语义类/概念：语义类指具有某种共同属性的实体的集合，如国家、民族、性别等；而概念则反映一组实体的种类或对象类型，如人物、气候、地理等。

知识图谱中的边分为以下两种。

（1）属性（值）：指某个实体可能具有的特征、特性、特点以及参数，是从某个实体指向它的属性值的"边"，不同的属性对应不同的边，而属性值是实体在某一个特定属性下的值。例如，"人口""首都"是不同的属性，"北京"是中国在"首都"这一属性下的属性值。

（2）关系：是连接不同实体的"边"，可以是因果关系、相近关系、推论关系、组成关系等。在知识图谱中，将关系形式化为一个函数。这个函数把若干个节点映射到布尔值，其取值反映实体间是否具有某种关系。

基于以上定义,可以更好地理解三元组。三元组是知识图谱中的一种基本元素,由三个部分组成:主语、谓语和宾语。主语表示一个实体,谓语表示该实体与另一个实体之间的关系,宾语则表示与主语相关的另一个实体或值。三元组用于描述实体之间的关系,是知识图谱中一种直观、简洁的通用表示方式,能够方便计算机对实体关系进行处理,也是实现语义网的基础。

对于上面三元组的构成,我们用三元组 $G=(E, R, S)$ 表示知识图谱。其中,$E=\{e_1, e_2,...,e_E\}$ 是知识图谱中的实体集合,包含 $|E|$ 种不同的实体;$R=\{r_1, r_2,...,r_E\}$ 是知识图谱中的关系集合,共包含 $|R|$ 种不同的关系;$S \subseteq E \times R \times E$ 是知识图谱中的三元组集合。三元组的基本形式主要包括(实体 1,关系,实体 2)以及(概念属性,属性值)等。(实体 1,关系,实体 2)和(实体,属性,属性值)都是典型的三元组。

1.2 知识图谱的发展

1.2.1 知识图谱与人工智能

虽然知识图谱在 2012 年才因为谷歌而得名,但是知识图谱的发展历程可以追溯到上个世纪。知识图谱的发展可以从人工智能和语言网两个方向进行追溯。在人工智能方面,人类致力于利用计算机进行推理、分析、预测、决策等高级思维活动。通过运用计算机处理数据的能力并通过设计响应的算法完成机器的智能行为,实现推理、预测等任务。另一方面,随着互联网的高速发展,产生了大量的数据,对海量数据的处理伴随着日益复杂的推理、预测、决策、问题求解等任务。人类希望引入知识来处理原始数据,使其支撑推理、预测等复杂问题,语义网就是在这一背景下诞生的,知识图谱可以看作为语义网的一种简化后的商业实现。知识图谱的发展历程如图 1.6 所示。

图 1.6　知识图谱的发展历程

从学术的观点看，人工智能的主要学派有三家，即符号主义学派、连接主义学派和行为主义学派。在人工智能发展的早期，符号主义学派和连接主义学派贯穿着人工智能的发展，符号主义是一种基于逻辑推理的智能学习方法，又称为逻辑主义。符号派的核心在于知识的表示和推理。

1．符号主义学派

符号主义学派认为人工智能源于数理逻辑。数理逻辑从 19 世纪末迅速发展，在 20 世纪 30 年代开始用于描述智能行为。计算机出现后，又在计算机上实现了逻辑演绎系统。其有代表性的成果为启发式程序 LT 逻辑理论家，证明了 38 条数学定理，表明了可以应用计算机研究人的思维过程，模拟人类智能活动。正是这些符号主义者，早在 1956 年首先采用"人工智能"这个术语。后来又发展了启发式算法→专家系统→知识工程理论与技术，并在 20 世纪 80 年代取得很大发展。符号主义曾长期一枝独秀，为人工智能的发展做出重要贡献，尤其是专家系统的成功开发与应用，为人工智能走向工程应用和实现理论联系实际具有特别重要的意义。在人工智能的其他学派出现之后，符号主义仍然是人工智能的主流派别。这个学派的代表人物有纽厄尔（Newell）、西蒙（Simon）和尼尔逊（Nilsson）等。

2．连接主义学派

连接主义学派认为人工智能源于仿生学，特别是对人脑模型的研究。它的代表性成果是 1943 年由生理学家麦卡洛克（McCulloch）和数理逻辑学家皮茨（Pitts）创立的脑模型，即 MP 模型，开创了用电子装置模仿人脑结构和功能的新途径。它从神经元开始，进而研究神经网络模型和脑模型，开辟了人工智能的又一发展道路。20 世纪 60—70 年代，连接主义，尤其是对以感知机（perceptron）为代表的脑模型的研究出现过热潮，由于受到当时的理论模型、生物原型和技术条件的限制，脑模型研究在 20 世纪 70 年代后期至 80 年代初期落入低潮。直到 Hopfield 教授在 1982 年和 1984 年发表了两篇重要论文，提出用硬件模拟神经网络，之后连接主义才又重新抬头。1986 年，鲁梅尔哈特（Rumelhart）等人提出多层网络中的反向传播算法（BP）。此后，连接主义势头大振，从模型到算法，从理论分析到工程实现，为神经网络计算机走向市场打下基础。现在，对人工神经网络（ANN）的研究热情仍然较高，但研究成果没有预想的那样好。

3．行为主义学派

行为主义学派认为人工智能源于控制论。控制论思想，早在 20 世纪 40—50 年代就成为时代思潮的重要部分，影响了早期的人工智能工作者。维纳（Wiener）和麦克洛克（McCulloch）等人提出的控制论和自组织系统以及钱学森等人提出的工程控制论和生物控制论，影响了许多领域。控制论把神经系统的工作原理与信息理论、控制理论、逻辑以及计算机联系起来。早期的研究工作重点是模拟人在控制过程中的智能行为和作用，如对自寻优、自适应、自镇定、自组织和自学习等控制论系统的研究，并进行"控制论动物"的研制。到 20 世纪 60—70 年代，上述这些控制论系统的研究取得一定进展，播下智能控制和智能机器人的种子，并在 20 世纪 80 年代诞生了智能控制和智能机器人系统。行为主义在 20 世纪末以人工智能新学派的面孔出现，一出现便引起了许多人的兴趣。这一学派的代表作者首推布鲁克斯（Brooks）的六足行走机器人被看作是新一代的"控制论动物"，是一个基于感知—动作模式模拟昆虫行为的控制系统。

1.2.2 专家系统

专家系统是符号主义的主要成就，是人工智能领域的一个重要分支。它是一个具备大量专业知识与经验的计算机程序系统，通过知识表示和知识推理来模拟解决那些领域专家才能解决的复杂问题。专家系统通常由人机交互界面、知识库、推理机、解释器、综合数据库、知识获取 6 个部分构成。专家系统结构图示例如图 1.7 所示。

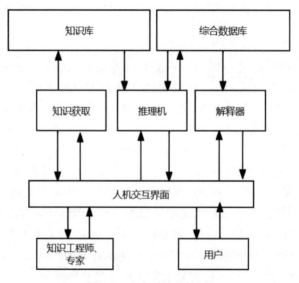

图 1.7　专家系统结构图

1965 年，费根鲍姆等人在总结通用问题求解系统的成功与失败经验的基础上，结合化学领域的专门知识，研制了世界上第一个专家系统 DENDRAL。20 世纪 70 年代，第二代专家系统（mycin、casnet、prospector、hearsay 等）属单学科专业型、应用型系统，其体系结构较完整，移植性方面也有所改善，而且在系统的人机接口、解释机制、知识获取技术、不确定推理技术、增强专家系统的知识表示和推理方法的启发性、通用性等方面都有所改进。20 世纪 70 年代，斯坦福大学使用 LISP 语言研制了 MYCIN 系统，用于帮助医生对住院的血液感染患者进行诊断和用抗菌素类药物进行治疗。从功能与控制结构上可分成两部分：① 以患者的病史、症和化验结果等为原始数据，运用医疗专家的知识进行推理，找出导致感染的细菌。若是多种细菌，则用 0～1 的数字给出每种细菌的可能性。② 在上述基础上，给出针对这些可能的细菌的药方。尽管 MYCIN 系统并没有被运用于实践中，但是研究报告显示这个系统所给出的治疗方案可接受度约为 69%，比大部分使用同一参考标准给出治疗方案要好得多。20 世纪 80 年代初到 90 年代初，专家系统发展迅速，商业价值被各行各业看好。20 世纪 80 年代初，专家系统主要应用于医疗领域，主要原因是医疗专家系统属于诊断性系统且容易开发。到了 20 世纪 80 年代中后期，专家系统在商业上应用越来越广泛。第三代专家系统属多学科综合型系统，采用多种人工智能语言，综合采用各种知识表示方法和多种推理机制及控制策略，并开始运用各种知识工程语言、骨架系统及专家系统开发工具和环境来研制大型综合专家系统。专家系统时代最成功的案例是 DEC 的专家配置系统 XCON。当客户订购 DEC 的 VAX 系列计算机时，XCON 可以按照需求自动配置零部件。从 1980 年投入使用到 1986 年，XCON 一共处理了 8 万个订单[2]。

1.2.3　语义网

专家系统经过数十年的研究和实践，尽管已经在很多领域具备了 AI 所拥有的能力，但其知识获取能力仍然存在瓶颈且无法自我学习。随着包括日本第五代计算机计划在内的许多超前概念失败后，人们开始质疑专家系统。一方面，与专家系统一脉相传的这一派自身的逻辑功力不够，他们和定理证明派发生分歧；另一方面，他们的工程实践又略显欠缺。专家系统风口过后，他们变成了暗流，直到万维网支持者之一蒂姆·伯纳斯·李（Tim Berners-Lee）提出了"语义网"（Semantic Web），也就是知识图谱的前身。蒂姆·伯纳斯·李以便捷的 HTTP 协议和超文本链接标准 HTML 而闻名，被各种媒体称为万维网的发明人。

"语义网"是以资源描述框架（W3C 标准 RDF）、OWL（Web ontology language，网络本体语言）和 SPARQL 为核心，研究知识本体、关联数据和知识图谱的基础和应用的领域。语义网的设计可以理解为使计算机更好地解读万维网。

着手构建一个更"语义的"万维网有多种方式。一种方式是构建一个"巨型 Google"，依赖"数据不可思议的效力"来发现诸如词语之间、术语和情境之间的正确关联。我们在过去几年中已经见证了搜索引擎性能的停滞，这似乎暗示了此种方式存在缺陷——没有一个搜索巨头能够超越仅返回分散页面的简单扁平列表的情况。

语义网（近年来被逐渐熟知的数据万维网）遵循了不同的设计原则，可以概括如下。

（1）使结构化和半结构化的数据以标准化的格式在万维网上可用。

（2）不仅制造数据集，还创建万维网上可解读的个体数据元素及其关系。

（3）使用形式化模型来描述这些数据的隐含语义，使这些隐含语义能够被机器处理。

设计原则体现在语义网中的技术如下。

（1）使用带标签的图（labeled graph）作为对象及其关系的数据模型，图中将对象作为节点，对象间的关系表示为边。使用被草草命名为资源描述框架的形式化模型来表示这种图结构。

（2）使用万维网标识符——统一资源标识符（uniform resource identifier，URI）来标识出现在数据集中的单个数据项以及它们之间的关系。这同样反映在 RDF 的设计中。

（3）使用本体（ontology，简言之：类型和关系的层次化词汇表）作为数据模型来形式化地表达数据的隐含语义。诸如 RDF 模式（RDF schema）和网络本体语言的形式化模型来描述这些数据的隐含语义，使得这些隐含语义能够被机器处理，同样也使用 URI 来表示类型和它们的属性。[3]

2000 年，蒂姆·伯纳斯·李为未来的 Web 发展提出了语义网的体系结构，其各层表达式的描述如表 1.1 所示。在语义网模型中，第 2、3、4 层是语义 Web 的关键层，用于表示 Web 信息的语义，也是现在语义 Web 研究的热点所在。其中 XML（eXtensible markup language，可扩展标记语言）层作为语法层，RDF 层作为数据层，本体层作为语义层。

表 1.1　语义网模型

层　级	名　称	描　述
1	字符集	定义了在语义网中使用的字符集，如 Unicode
2	根标记语言	用于表示 Web 上的文档和数据的格式，包括 XML、命名空间（namespace）和 XML schema 等
3	资源描述框架	用于描述 Web 资源的元数据，采用三元组的形式，包括主体、谓语和客体，包括 RDF（资源描述框架）和 RDF schema（RDFS）
4	本体词汇	用于定义特定领域中的概念、实体及其属性和关系，采用本体语言（ontology language）表示，包括 OWL 等
5	逻辑	用于表示和推理语义网上的知识，包括描述逻辑、一阶逻辑和模态逻辑等
6	证明	用于处理和验证语义网上的知识，包括证明和证明检索等
7	信任	用于确定和管理语义网上的知识来源和可信度，包括信任模型和信任评估等

XML 不仅提供对资源内容的表示，还提供资源所具有的结构信息。但仅有 XML 是不够的。XML 页面上还包含大量其他信息，如图像、音频和其他说明性文字等，这些信息难以被智能软件代理处理。需要对所描述对象结构和内容进行规范说明，提供描述

XML 的元数据。RDF 是 W3C 推荐的用于描述和处理元数据的方案，能为 Web 上应用程序间的交互提供机器能处理的信息，是处理元数据的基础。XML 和 RDF 都能为所描述的资源提供一定的语义，同时 XML 标签集和 RDF 属性集不存在限制[4]。

语义网体系结构[5]由以下 7 层组成。

☑ 字符集层：该层使用 Unicode 作为数据格式，可以表示世界上所有主要语言的字符，并通过 URI 为资源提供唯一的标识符。Unicode 的使用确保了多语言的支持和跨语言的检索能力。

☑ 根标记语言层：在这一层，使用 XML 作为标记语言。XML 具有灵活的结构和易用性，允许用户自定义文档结构，并通过命名空间避免不同应用之间的命名冲突。此外，XML schema 用于定义和验证数据的结构，提供了更多的数据类型和校验机制。

☑ 资源描述框架层：RDF 是用于表示网络上互连数据的通用框架，用于描述网络上的信息资源。RDF 采用三元组（主体-谓词-客体）的形式表示知识，使信息具有机器可理解性。此外，RDFS 提供了一种词汇定义语言，用于定义资源之间的关系和属性，进一步丰富了资源描述的语义。

☑ 本体词汇层：在这一层，通过使用专门的本体语言（如 OWL）定义概念、关系和约束等。本体词汇层提供了更高层次的语义描述，允许用户建立领域特定的知识模型，并进行推理和推断。

☑ 逻辑层：逻辑层为语义网提供了推理和推断的能力。通过采用逻辑语言（如规则语言）和推理机制，可以从已知的事实中推导出新的知识，填补信息的缺失并发现隐藏的关联。

☑ 证明层：在这一层，使用 Proof 交换和数字签名技术建立信任关系并验证数据的可靠性。通过证明的交换和验证过程，可以确保数据的真实性和完整性。

☑ 信任层：信任层用于评估和确定语义网中资源和信息的可信度。它可以基于证明层提供的证据和其他信任度评估机制，为用户提供对语义网数据和服务的信任度评估，并根据信任度做出决策和使用资源。

1.2.4　知识图谱的发展

实际上，知识图谱在谷歌正式提出知识图谱的前几年就已经有了雏形，Metaweb 公司将现实世界中各种实体数据信息存储于系统中，并在数据之间建立关联关系，从而发展出区别于传统关键词搜索的技术。谷歌为了改善其搜索服务于 2010 年收购了 Metaweb。Metaweb 的标签数据数据库将有助于让谷歌搜索变得更智能。

Metaweb 为 Web 开发了语义存储基础设施和 Freebase，是一个类似维基百科的创作共享类网站，于 2007 年 3 月发布。Freebase 是一个巨大的，合作编辑的交联（cross-linked）数据知识库，由大量三元组组成。其背后的想法是为语义网建造一个像维基百科系统的产品。Freebase 允许任何人提供、组织、查询、复制及利用其数据。这听起来很像维基百科，但是不同于维基百科按作品安排结构，Freebase 的结构更像一个人和软件均能读取的数据库。Metaweb 已经使用多种技术构建了一个高质量的知识图谱，包括爬取和解析维基百科。所有这些都是由其内部构建的一个图数据库驱动的，这个数据库叫作 Graphd，是一个图守护程序（现在已经发布在 GitHub 上）。Graphd 具有一些非常典型的属性，像一般守护进程一样，它在一台服务器上运行，所有数据都放在内存中。整个 Freebase 网站都基于 Graphd。收购完成后，谷歌面临的挑战之一是继续运行 Freebase。2012 年 5 月 16 日，谷歌在 Freebase 的基础上提出了谷歌知识图谱。截至 2012 年发布时间，其语义网络包含超过 5 亿个对象，超过 35 亿个关于这些不同对象的事实和关系，这些不同的对象之间存在的链接关系用来理解搜索关键词的含义。

知识图谱从三个主要方面增强了 Google 搜索：（1）找到正确的内容。（2）获得最佳摘要。（3）更深入、更广泛。

谷歌在商品硬件和分布式软件上建立了一个帝国。单个服务器数据库永远无法容纳搜索的爬网、索引和服务。谷歌先是创建了 SSTable，然后提出了 Bigtable 的概念，Bigtable 可以横向扩展到数百或数千台服务器，协同运行 PB 级的数据。谷歌还构建了 Borg（K8s 的前驱）分配机器，使用 Stubby（gRPC 的前驱）进行通信，通过 Borg 的名称服务解析 IP 地址（BNS，K8s 组件之一），数据存储在 Google 的分布式架构文件系统 GFS 上（Hadoop FS）。分布式策略有效地避免了系统因为机器崩溃而不稳定的情况。由于 Graphd 是单机式，无法满足谷歌的需求，特别是 Graphd 需要消耗大量的内存，于是，如何替换 Graphd 且以分布式方式工作的想法被提出。一个被命名为 Dgraph 的真正的图数据库服务系统，不仅可以取代 Graphd for Freebase，还可以为将来的所有知识图谱工作服务。Dgraph 是一个分布式的图数据库服务系统，Dgraph 是一个升级版的 Graphd。[6]

1.3 知识图谱的应用与现状

1.3.1 知识图谱分类

早期的知识图谱一般指 Google 为了增强其搜索能力所建立的知识库，现在的知识图谱泛指各种各样的知识库。

知识图谱按照功能和应用场景可以分为通用知识图谱和领域知识图谱。其中通用知识图谱面向的是通用领域，强调知识的广度，形态通常为结构化的百科知识，针对的使用者主要为普通用户；领域知识图谱则面向某一特定领域，强调知识的深度，通常需要基于该行业的数据库进行构建，针对的使用者为行业内的从业人员以及潜在的业内人士等。

通用知识图谱和领域知识图谱主要会在知识获取、知识构建和知识应用这几个方面存在明显的差异。通用知识图谱以常识性知识为主，来源广泛，构建过程成熟，应用受众广泛，面向大众。领域知识图谱使用专业领域知识突出知识深度，构建流程尚不成熟，知识获取难以自动化，要求质量，应用受众为相关专业人员。通用知识图谱和领域知识图谱的差异点主要如下。

1. 知识获取

☑　通用知识图谱的知识获取主要依赖于互联网上的大规模文本数据、百科全书、维基百科等广泛的信息源。通过自动化的知识抽取和知识融合技术，可以从海量的非结构化数据中提取出常识性知识。

☑　领域知识图谱的知识获取相对更具挑战性。它需要依赖于专业领域的文献、专家知识、行业数据库等有限的信息源。由于专业领域的知识通常以非结构化或半结构化的形式存在，知识的提取和整合过程需要更多的人工干预和专业领域的理解。

2. 知识构建

☑　通用知识图谱的构建过程相对成熟，有较多的自动化技术支持。它可以通过大规模的数据挖掘、实体链接、关系抽取等方法，将抽取到的知识组织成结构化的图谱形式。

☑　领域知识图谱的构建过程相对更复杂和耗时，需要依赖于领域专家的知识输入和人工标注。知识的组织和建模需要深入理解领域的概念、关系和规则，以确保图谱的准确性和完整性。

3. 知识应用

☑　通用知识图谱的应用面向大众用户，可以用于智能搜索、问答系统、信息推荐等多个领域。它可以为用户提供常识性的知识支持，帮助用户更快地获取所需的信息。

☑　领域知识图谱的应用主要面向相关专业人员，如医生、金融分析师、工程师等。它可以提供专业领域内的深度知识、辅助决策和解决领域特定的问题。领域知识图谱的应用也更加依赖于领域专家的指导和解释。

1.3.2　通用知识图谱

Google 提出的知识图谱就是通用知识图谱，强调广度，面向全领域，主要是应用于面向互联网的搜索、推荐、问答等业务场景。通用知识图谱大体可以分为百科知识图谱（encyclopedia knowledge graph）和常识知识图谱（common sense knowledge graph）。

2001 年，全球性多语言百科全书——维基百科的协作计划开启，其宗旨是为全人类提供自由的百科全书，它在短短几年的时间里利用全球用户的协作完成了数十万词条（至今拥有上百万词条）知识。维基百科的出现推动了很多基于维基百科的结构化知识的知识库的构建，DBpedia、YAGO 等都属于这一类知识库。

1. 英文知识图谱的示例

DBpedia 始于 2007 年的早期语义网项目，该项目最初由莱比锡大学和柏林自由大学的学者在 OpenLink 的支持下启动。DBpedia 从维基百科中提取包括摘要、标签、类别等信息构建大规模知识库，另外，本体（即知识库的元数据、schema）的构建是通过社区成员合作完成的。2022 年 3 月发布的 DBpedia 快照包含超过 8.5 亿个事实（3 倍）。快照统计 2022 年的快照版本提供了从 762 万个实体到 179 个外部资源的超过 1.306 亿条链接。当前的快照版本总共使用了 55000 个属性，其中 1377 个属性由 DBpedia 本体定义。维基百科中的知识不断快速增长。我们使用 DBpedia Ontology Classes 来衡量增长：此版本中的总数（在括号中，我们给出① 与上一版本相比增长，可能暂时为负；② 与 Snapshot 2016 年 10 月相比增长）如下。

人：1792308（1.01%，1.13%）。

地方：748372（1.00%，1820.86%），包括但不限于 590481（1.00%，5518.51%）人口稠密的地方。

作品：610589（1.00%，619.89%）。包括但不限于：

157566（1.00%，1.38%）音乐专辑；

144415（1.01%，15.94%）电影；

24829（1.01%，12.53%）电子游戏。

机构：345523（1.01%，109.31%）。包括但不限于：

87621（1.01%，2.25%）公司；

64507（1.00%，64507.00%）教育机构。

物种：1933436（1.01%，322239.33%）。

植物：7718（0.82%，1.71%）。

疾病：10591（1.00%，8.54%）。

图 1.8 所示为 DBpedia 系统的 person 类实体数量变化示例，图 1.9 所示为 DBpedia 系统的系统架构图。图 1.8 和图 1.9 均来自 DBpedia 系统官网。

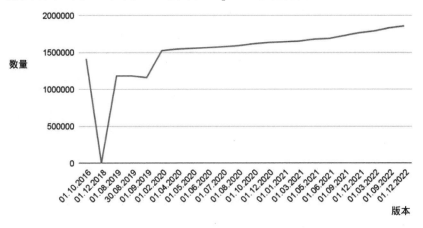

图 1.8 DBpedia 系统的 person 类的实体数量变化

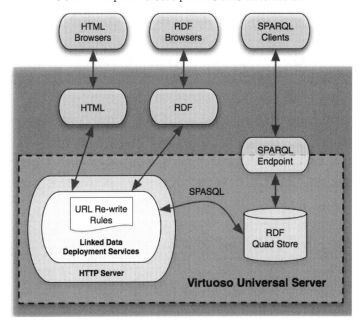

图 1.9 DBpedia 系统的架构图

YAGO 由德国马普研究所于 2007 年研制，YAGO 是一个知识库，即一个包含现实世界知识的数据库，官网为 https://yago-knowledge.org/。YAGO 既包含实体（如电影、人物、城市、国家等），也包含这些实体之间的关系（谁在哪部电影中演过什么角色，哪个城市位于哪个国家等）。YAGO 包含超过 5000 万个实体和 20 亿个事实。YAGO 存储在标准资源描述框架 RDF 中。这意味着 YAGO 是一组事实，每个事实都由一个主语、一个谓词（也称为"关系"或"属性"）和一个宾语组成。

Freebase 是 Google Knowledge Graph 的早期版本，由 Metaweb 公司在 2005 年建立，2010 年被谷歌收购。谷歌于 2016 年关闭了 Freebase，并把 Freebase 数据转移到 Wikidata。Freebase 数据集总共的三元组数量为 19 亿，gzip 压缩后的数据量为 22 GB，解压后达 250 GB。

Wikidata（维基数据）是维基媒体基金会主持的一个自由的协作式多语言知识库，旨在为维基百科、维基共享资源以及其他的维基媒体项目提供支持。每个实体都有一个唯一的数字标识。截至 2022 年 5 月，Wikidata 有超过 9000 万个实体。用户可以在官网下载 Wikidata 的数据快照，这些数据快照可以用于各种数据分析，包括关系抽取。

Microsoft Concept Graph 是微软研究院基于微软先前成立的 Probase 项目构建的。Probase 中的知识来自数十亿个网页和多年的搜索日志，截至 2022 年 5 月，该项目有超过 540 万个概念。

2. 中文知识图谱的示例

XLORE 是一个大型中英文知识图谱，是清华实验室的一个知识库项目，截至 2022 年 5 月 15 日，XLORE 已包含 26146618 个实例，2351701 个概念，510404 个属性以及丰富的语义关系。

OpenKG 是中国中文信息学会语言与知识计算专业委员会于 2015 年发起和倡导的开放知识图谱社区联盟项目。旨在推动以中文为基础的知识图谱数据的开放、互联与众包，以及知识图谱算法、工具和平台的开源开放工作。OpenKG 设立常设工作组和管理委员会，总体协调开展工作，由来自浙江大学、东南大学、同济大学等多个单位的知识图谱专业团队联合提供持久性技术支持和日常管理运营。

CN-DBpedia 是由复旦大学知识工场实验室研发并维护的大规模通用领域结构化百科。CN-DBpedia 主要从中文百科类网站（如百度百科、互动百科、中文维基百科等）的纯文本页面中提取信息，经过滤、融合、推断等操作后，最终形成高质量的结构化数据，供机器和人使用。CN-DBpedia 自 2015 年 12 月发布以来已经在问答机器人、智能玩具、智慧医疗、智慧软件等领域产生数亿次 API 调用。CN-DBpedia 提供全套 API，并且免费开放使用。对于大规模商务调用，提供由 IBM、华为支持的专业且稳定的服务接口。截至 2020 年 5 月 16 日，CN-DBpedia 百科实体数为 16994589，CN-DBpedia 百科关系数为 223810811，平台的 API 调用次数为 1359840516。

1.3.3　领域知识图谱

在领域图谱构建方面，由于通用知识图谱的知识来源于多种结构的数据，其可看成一个面向通用领域的"结构化的百科知识库"，而领域知识图谱又称为行业知识图谱或垂直知识图谱，面向某一特定领域。领域知识图谱基于行业数据构建，通常有严格而丰富的数据模式，对知识的深度、准确性要求较高，亟须解决增强领域知识的表示能力、对领域实体进行识别和关系抽取、隐性关系发现等关键问题。

领域知识图谱的应用研究主要有智能搜索及问答、辅助决策及个性化推荐等方面。

（1）智能搜索及问答：领域知识图谱可以用于构建智能搜索引擎和问答系统，通过将结构化的领域知识与自然语言处理技术相结合，实现更准确、高效的信息检索和问题回答。例如，在电商领域，通过构建电商知识图谱，可以提供更精准的商品搜索结果和个性化的推荐。

（2）辅助决策：领域知识图谱可以为决策者提供实时、全面的领域知识支持，帮助他们做出更准确、科学的决策。在金融领域，知识图谱可以用于风险评估和预测，提供对市场、行业和企业的深度分析，辅助投资决策。

（3）个性化推荐：领域知识图谱可以帮助构建个性化推荐系统，根据用户的兴趣和需求，提供个性化的推荐内容。在电影、音乐、新闻等领域，通过分析用户的偏好和行为，结合领域知识图谱中的相关信息，可以实现更精准的个性化推荐。

领域知识图谱已经在医疗、电商、金融、军工、电力、教育、公安等多个领域开展应用。例如，在金融领域的信用评估、风险控制、反欺诈方面的应用，以及在医疗领域的智能问诊等应用。以下是对几个领域的应用的进一步扩展。

（1）电商领域：领域知识图谱可以用于构建电商平台的智能推荐系统，根据用户的购买历史、浏览行为和个人喜好，提供个性化的商品推荐。同时，知识图谱还可以整合商品属性、品牌关系、用户评价等信息，提供更准确的商品搜索和对比功能。

（2）金融领域：领域知识图谱在金融领域的应用非常广泛。它可以整合金融市场数据、企业财务信息、行业报告等多种数据源，帮助金融机构进行风险评估、信用评级和投资决策。知识图谱可以建立企业之间的关联关系、资金流向等信息，帮助发现潜在的风险和机会。

（3）医疗领域：领域知识图谱在医疗领域的应用非常重要。它可以整合医学文献、疾病数据库、临床指南等多源数据，帮助医生进行疾病诊断、治疗方案选择和患者管理。知识图谱还可以建立疾病与症状、药物与治疗方法之间的关联关系，支持智能问诊系统和个性化医疗服务。

（4）教育领域：领域知识图谱可以应用于教育领域的个性化学习和教育资源推荐。通过分析学生的学习兴趣、学习历史和学习行为，知识图谱可以推荐适合学生的学习材料、课程和教学方法。同时，它还可以帮助教师了解学生的知识点掌握情况，进行针对性的教学辅导。

（5）公安领域：领域知识图谱在公安领域可以用于犯罪分析、情报挖掘和预防。通过整合犯罪数据、嫌疑人关系、案件线索等信息，知识图谱可以帮助警方发现潜在的犯罪模式和犯罪网络，辅助侦破案件和预测犯罪趋势。

AliOpenKG 开放的数字商业知识图谱（阿里巴巴）是一款商业知识图谱。截至 2022 年 5 月 22 日，AliOpenKG 有超过 193 万个本体三元组，超过 18 亿个实体关系，一百多万条概念知识。通过建立一套基于消费者需求场景的知识图谱表示体系来组织商品，并把商业要素知识沉淀到图谱中，以解决业务痛点。

1.4 参考文献

[1] SINGHAL A. Introducing the knowledge graph: things, not strings[EB/OL]. (2012-05-06)[2023-10-5]. https://blog.google/products/search/introducing-knowledge-graph-things-not/.

[2] 尼克. 人工智能简史著[M]. 北京：人民邮电出版社，2017.

[3] 安东尼乌. 语义网基础教程：3 版[M]. 胡伟，程龚，黄智生，译. 北京：机械工业出版社，2014.

[4] 李洁，丁颖. 语义网关键技术概述[J]. 计算机工程与设计，2007（8）：1831-1836.

[5] 刘清堂，黄景修，吴林静，等. 基于语义网的教育应用研究现状分析[J]. 现代远距离教育，2015（1）：60-65.

[6] JAIN M R. Why Google needed a graph serving system[EB/OL]. (2019-02-13) [2023-10-5]. https://dgraph.io/blog/post/why-google-needed-graph-serving-system/.

第 2 章
知识图谱构建技术

本章将详细讲解知识图谱的构建技术。首先介绍知识表示与建模的基本概念和方法，包括实体、关系和属性的表示方式。读者将了解如何将现实世界的知识抽象成结构化的形式，并为后续的知识图谱构建奠定基础。

此外，本章还会介绍知识抽取的技术，包括基于规则的抽取、基于机器学习的抽取和基于深度学习的抽取。读者将了解如何从非结构化文本、半结构化数据和结构化数据中提取实体、关系和属性信息，并将其转换为知识图谱中的结构化数据。接着，将探讨知识存储的方法，包括图数据库、关系数据库和图文件格式等。读者将了解如何有效地组织和存储知识图谱的数据，以支持高效的查询和推理。此外，本章还将介绍知识融合的技术，包括实体链接、关系抽取和实体对齐等。读者将了解如何将来自不同数据源的知识进行融合，构建更加完整和一致的知识图谱。最后，将探讨知识推理的方法，包括基于规则的推理、基于逻辑的推理和基于图神经网络的推理等。读者将了解如何利用推理技术从知识图谱中推断出新的知识和关联关系。

2.1　知识表示与知识建模

对现有知识进行表示和建模是构建知识图谱的基础和准备工作，知识表示与知识建模是知识图谱构建的第一步，其目的是将现实世界中的各种实体、概念、关系等抽象为计算机可处理的形式。知识表示与知识建模是知识图谱构建的基础，能够支持后续的知识抽取、知识存储、知识融合、知识推理等步骤的实现。

2.1.1　知识表示

知识表示可以看作成用计算机可理解的方式对世界上的一切所想要表示的事物进行翻译表达。这种计算机的表示将我们所理解的一切事物进行转换，以供我们更好地理解和使用。

知识表示是认知科学和人工智能中的一个常见问题。在认知科学中，它涉及人类如何存储和处理数据。在人工智能中，它的主要目标是存储知识，让程序可以处理，实现人类智能。目前，该领域还没有完美的答案。

知识表示主要分为 3 类：经典知识表示、语义网中的知识表示和知识图谱中的知识表示。其中，经典知识图谱涉及大量传统人工智能内容，包括逻辑、框架系统和语义网络 3 种方式。此外，经典知识表示还有其他的表示方法，如产生式规则表示法、分布式知识表示、概率图模型、马尔可夫链（马尔可夫逻辑网络）等多种表示方法。

1．谓词逻辑表示法

谓词逻辑表示法是指各种基于形式逻辑的知识表示方式，适合于表示事物的状态、属性、概念等事实性知识，也可以用来表示事物间具有确定因果关系的规则性知识。它是人工智能领域中使用较早和较广泛的知识表示方法之一。其根本目的在于把教学中的逻辑论证符号化，根据对象和对象上的谓词（即对象的属性和对象之间的关系），通过使用连接词和量词来表示世界。[1]

逻辑语句，更具体地说，一阶谓词演算（first order predicate calculus）是一种形式语言，其根本目的在于把数学中的逻辑论证符号化。如果能够采用数学演绎的方式证明一个新语句是从哪些已知正确的语句导出的，那么也就能断定这个新语句也是正确的。

2．产生式表示法

产生式表示法，又称规则表示法，有时被称为 IF-THEN 表示，它表示一种条件-结果形式，是一种比较简单的表示知识的方法。IF 后面的部分描述了规则的先决条件，而 THEN 后面的部分描述了规则的结论。规则表示法主要用于描述知识和陈述各种过程知识之间的控制，及其相互作用的机制。

例如，MYCIN 系统中有下列产生式知识（其中，置信度称为规则强度）。IF 本生物的染色斑是革兰性阴性，本微生物的形状呈杆状，病人是中间宿主，THEN 该微生物是绿脓杆菌，置信度为 0.6。

3．框架表示法

框架（frame）是把某一个特殊事件或对象的所有知识存储在一起的一种复杂的数据结构。其主体是固定的，表示某个固定的概念、对象或事件，其下层由一些槽（slot）组成，表示主体每个方面的属性。框架是一种层次的数据结构，框架下层的槽可以看成一种子框架，子框架本身还可以进一步分层次为侧面。槽和侧面所具有的属性值分别称为槽值和侧面值。槽值可以是逻辑型或数字型的，具体的值可以是程序、条件、默认值或是一个子框架。相互关联的框架连接起来组成框架系统，或称框架网络。

例如，用框架表示下述地震事件：[虚拟新华社 3 月 15 日电]昨日，在云南玉溪地区发生地震，造成财产损失约 10 万元，统计部门如果需要详细的损失数字可电询 62332931。另据专家认为震级不会超过 4 级，并认为地处无人区，不会造成人员伤亡。

4．面向对象的知识表示法

面向对象的知识表示法是按照面向对象的程序设计原则组成一种混合知识表示形式，就是以对象为中心，把对象的属性、动态行为、领域知识和处理方法等有关知识封装在表达对象的结构中。在这种方法中，知识的基本单位就是对象，每一个对象由一组属性、关系和方法的集合组成。一个对象的属性集和关系集的值描述了该对象所具有的知识；该对象通过操作在属性集和关系集上的值作用于知识上的知识处理方法，其中包括知识的获取方法、推理方法、消息传递方法以及知识的更新方法。

5．语义网络表示法

语义网络表示法是知识表示中最重要的方法之一，是一种表达能力强而且灵活的知识表示方法。它是通过概念及其语义关系来表达知识的一种网络图。从图论的观点看，它是一个"带标识的有向图"。语义网络利用节点和带标记的边构成的有向图描述事件、概念、状况、动作及客体之间的关系。带标记的有向图能十分自然地描述客体之间的关系。

例如，用语义网络表示下列知识：中南大学湘雅医学院是一所大学，位于长沙市，建立时间是 1914 年。

6．基于 XML 的表示法

在 XML 中，数据对象使用元素描述，而数据对象的属性可以描述为元素的子元素或元素的属性。XML 文档由若干个元素构成，数据间的关系通过父元素与子元素的嵌套形式体现。在基于 XML 的知识表示过程中，采用 XML 的文档类型定义（document type definition，DTD）来定义一个知识表示方法的语法系统。通过定制 XML 应用来解释实例化的知识表示文档。在知识利用过程中，通过维护数据字典和 XML 解析程序把特定标签所标注的内容解析出来，以"标签+内容"的格式表示具体的知识内容。知识表示是构建知识库的关键，知识表示方法选取得合适与否不仅关系到知识库中知识的有效存储，而且直接影响系统的知识推理效率和对新知识的获取能力。

7．本体表示法

本体是一个形式化的、共享的、明确化的、概念化规范。本体论能够以一种显式、形式化的方式来表示语义，提高异构系统之间的互操作性，促进知识共享。因此，最近几年，本体论被广泛用于知识表示领域。用本体来表示知识的目的是统一应用领域的概念，同时构建本体层级体系表示概念之间的语义关系，实现人类、计算机对知识的共享和重用。5 个基本的建模元语是本体层级体系的基本组成部分，这些元语分别为类、关系、函数、公理和实例。通常也把 classes（类）写成 concepts。将本体引入知识库的知识建模，建立领域本体知识库，可以用概念对知识进行表示，同时揭示这些知识之间内在的关系。领域本体知识库中的知识，不仅通过纵向类属分类，而且通过本体的语义关联进行组织和关联，推理机再利用这些知识进行推理，从而提高检索的查全率和查准率。[2]

2.1.2　知识建模

知识图谱的知识建模是指将现实世界中的实体和概念抽象成计算机可理解的形式，以便于知识的存储、共享和利用。常见的知识建模方法包括本体建模和实体关系建模。

（1）本体建模是指对现实世界中的概念进行抽象和形式化，以便于计算机能够理解和处理。本体描述了现实世界中实体和概念之间的关系和属性，并提供了一个统一的语言和模型，用于在不同应用领域中共享和重用知识。本体建模的主要技术包括本体语言的设计和本体编辑工具的使用。

（2）实体关系建模是指对现实世界中的实体及其关系进行建模，以便于计算机能够对实体和关系进行有效的存储和查询。实体关系建模的主要技术包括实体关系模型的设计和数据库建模工具的使用。

知识图谱的建模可以根据具体领域和应用需求进行扩展和定制。扩展知识图谱的建模可以包括引入新的实体类型和关系类型，定义领域特定的属性和约束，以及结合领域知识进行模型调整和扩展。通过合理的知识建模和扩展，可以建立丰富、准确和可表达的知识图谱，为各种应用场景提供更全面和精准的知识支持。

在知识图谱中，知识建模不局限于本体建模和实体关系建模，还包括对实体和关系的语义建模、事件建模、时间建模等方面。通过对知识建模的不断优化和扩展，可以更加准确地表达现实世界中的知识，从而提高知识图谱的质量和应用效果。

以下是一些对知识建模进行扩展和优化的方向。

☑　语义建模：除了定义实体和关系的基本属性，还可以通过语义建模描述它们的语义含义和语义关联。例如，使用语义标签、词汇表、词义消歧等技术，可以更准确地表达实体和关系之间的语义关联，提高知识图谱的语义一致性和理解能力。

☑　事件建模：在某些应用场景中，需要对事件进行建模和描述。事件建模可以包括定义事件类型、事件发生时间、事件参与者,以及事件与实体、关系之间的关联等。通过事件建模,可以更好地捕捉现实世界中的事件信息,并将其与其他知识元素进行关联。

- ☑ 时间建模:时间是知识图谱中一个重要的维度,可以对时间进行建模和描述。时间建模可以包括定义时间点、时间段、时间序列等概念,以及时间与实体、关系之间的关系。通过时间建模,可以实现对知识的时序分析、趋势推断等功能,进一步丰富知识图谱的表达能力。

- ☑ 属性建模:除基本属性外,可以考虑对属性进行更细粒度的建模和扩展。例如,可以引入属性的数据类型、单位、可选值域等约束,以提供更丰富的属性描述和数据校验能力。同时,还可以探索属性之间的关系,如属性的依赖关系、互斥关系等,以增强知识图谱对属性之间关联的建模能力。

通过对知识建模的不断扩展和优化,可以更好地捕捉和表达现实世界的知识,提高知识图谱的表达能力和应用效果。这些扩展和优化可以根据具体领域和应用需求进行,使知识图谱更加贴近实际应用场景,并为各种知识驱动的应用提供更强大的支持。

2.2　知　识　抽　取

知识抽取是知识图谱构建中重要的一个环节,知识抽取是指从不同来源、不同结构的数据中进行知识的提取。知识抽取的数据源可以是结构化、半结构化、非结构化的数据,不同类型的数据源需要采用不同的策略来进行知识抽取。知识图谱的目的是进行知识抽取并存储到知识库中,往往需要将不规则的数据结构化成三元组进行存储。通过知识抽取,我们可以从新闻中提取出关键信息,进行数据挖掘等操作,或者针对对话文本进行知识抽取,常见应用于 AI 机器人领域。谷歌搜索通过知识抽取提取重点信息,提高了搜索的效率。

知识抽取任务主要由三个子任务构成。

(1)实体抽取,抽取文本中的命名实体,并分类。例如,中国的首都是北京。北京、中国、首都均可称为实体,地点则称为分类。

(2)关系抽取,是指从文本中抽取实体与实体之间的关系。例如,从句子"邓超与孙俪于 2015 年结婚"中识别出邓超与孙俪是夫妻关系,即具有关系"夫妻"。

(3)事件抽取,识别文本中关于事件的信息并结构化。例如,从斯大林格勒战役中识别事件发生的地点、时间、军事目标、军事成果等信息。

2.2.1　实体抽取

实体抽取又被称为命名实体识别（named entity recognition，NER），从文本中识别出实体信息并加以归类，如时间、地点等。

NER 的发展历程如图 2.1 所示。

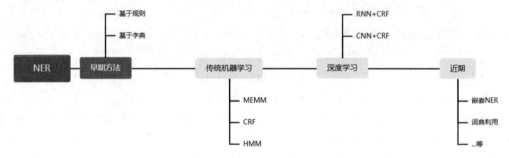

图 2.1　NER 的发展历程

基于模型划分，NER 可以分为基于规则的方法、基于统计的学习方法、基于深度学习的方法。从输入的层面，NER 可以分为基于字的方法、基于词的方法、两者结合的方法。NER 基于模型划分可以分为以下三种方法。

（1）基于规则的方法：依赖人工制定的规则，一般由领域学家或者语言学家编写抽取规则，规则的设计一般基于句法、语法、词汇的模式，以及特定领域的知识。当词典的大小有限时，基于规则的方法可以达到很好的效果。基于规则的抽取方法通常具有高精确率和低召回率的特点。这种方法往往只能针对特定领域，无法匹配到其他领域，对于新的领域需要重新制定规则，且系统会过于依赖知识库和词典的建立，系统建设周期长。

（2）基于统计的学习方法：基于统计机器学习的方法主要包括隐马尔可夫模型（hidden Markov model，HMM）、最大熵（maximum entropy）、支持向量机（support vector machine，SVM）、条件随机场（conditional random fields，CRF）。

（3）基于深度学习的方法：目前实体抽取的主流方法是将机器学习模型与深度学习相结合。

接下来介绍 BiLSTM-CRF 模型和 BERT-BiLSTM-CRF 模型。

1. BiLSTM-CRF 模型

BiLSTM-CRF（Bidirectional Long Short-Term Memory - Conditional Random Field）模型是一种常用于序列标注任务的深度学习模型。在该模型中，每个句子按照词序逐个输入双向 LSTM（long short-term memory）中进行处理。双向 LSTM 由两个 LSTM 网络组

成，一个按照正向顺序处理输入序列，另一个按照反向顺序处理输入序列。这样可以同时利用正向和反向的上下文信息，提供更全面的语境理解。

在 BiLSTM-CRF 的输出中，将正向和反向 LSTM 的隐层状态进行结合，得到每个词属于每个实体类别标签的概率。这些概率值将作为输入传递给 CRF，用于对标签序列进行建模和优化。CRF 通过建模相邻标签之间的转移概率和当前标签的输出概率，可以对整个标签序列进行全局一致性约束，从而得到最优的标签序列输出。

BiLSTM-CRF 模型的结构如图 2.2 所示。该模型的训练目标是优化一个目标函数，通常是最大化标注序列的对数似然函数。通过使用大量标注好的数据进行训练，模型可以学习到词与实体类别之间的关联关系，并能够对未标注的数据进行准确的序列标注。

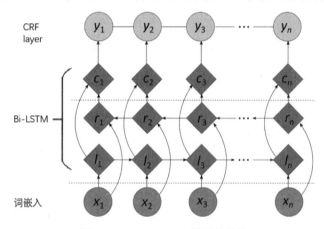

图 2.2　BiLSTM-CRF 模型的结构

BiLSTM-CRF 模型在序列标注任务中具有广泛的应用，特别适用于命名实体识别等需要对文本序列中的实体进行识别和分类的任务。它在自然语言处理领域的许多任务中取得了显著的成果，如实体抽取、关系抽取、情感分析等。其优势在于能够处理长期依赖关系和上下文信息，并通过 CRF 层对标签序列进行全局优化，提高标注的准确性和一致性。

进一步的研究和发展可以包括对 BiLSTM-CRF 模型的改进和扩展。例如，引入注意力机制以更好地捕捉关键信息，结合外部知识库进行联合训练，探索更复杂的网络结构和预训练技术等。此外，将 BiLSTM-CRF 模型与其他深度学习模型结合，如 BERT（bidirectional encoder representations from transformers）等，可以进一步提升序列标注任务的性能和效果。

2. BERT-BiLSTM-CRF 模型

BERT-BiLSTM-CRF 模型是指在 LSTM-CRF 的基础上，将 embedding 向量替换为 BERT 预训练模型输出的词表征，并将 LSTM 替换为双向 LSTM，然后再输入给 CRF 模型。BERT-BiLSTM-CRF 模型如图 2.3 所示。

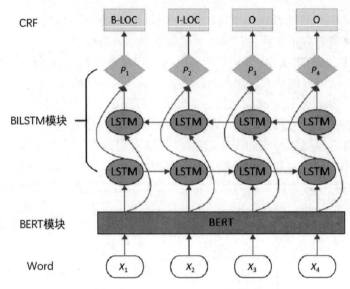

图 2.3　BERT-BiLSTM-CRF 模型

BERT-BiLSTM-CRF 模型的基本原理和步骤如下。

☑ BERT 预训练模型：BERT 是一种基于 Transformer 架构的深度双向编码器，通过在大规模文本语料上进行无监督预训练，学习到了丰富的词表征。BERT 模型能够通过上下文理解词语的语义和语境信息，生成更具表达能力的词向量。

☑ 序列特征提取：与 LSTM-CRF 模型不同，BERT-BiLSTM-CRF 模型的输入采用 BERT 预训练模型输出的词表征作为词向量。这些词向量已经经过预训练，能够更好地捕捉上下文信息和语义关联。然后，将这些词向量作为输入传递给双向 LSTM 网络。

☑ 双向 LSTM（BiLSTM）：与 LSTM-CRF 模型相同，双向 LSTM 由两个 LSTM 网络组成，一个按照正向顺序处理输入序列，另一个按照反向顺序处理输入序列。这样可以同时捕捉到当前词的前后上下文信息。

☑ CRF 层：与 LSTM-CRF 模型相同，CRF 层用于对标签序列进行建模和优化。通过考虑当前标签的输出概率和相邻标签之间的转移概率，通过全局一致性约束，对标签序列进行优化，得到最优的标签序列输出。

☑ 损失函数和训练：与 LSTM-CRF 模型相同，BERT-BiLSTM-CRF 模型的训练目标是最大化标注序列的对数似然函数。通过优化算法（如随机梯度下降）最小化损失函数，模型可以学习到词与标签之间的关系。

通过引入 BERT 预训练模型，BERT-BiLSTM-CRF 模型能充分利用大规模预训练数据中的丰富语义和语境信息，从而提升词语表示的表达能力。这有助于提高序列标注任务的准确性和泛化能力。

除了 BERT 预训练模型，还可以结合其他预训练模型（如 GPT、XLNet 等）进行改进和扩展，进一步提升模型的表达能力和性能。同时，还可以探索其他神经网络结构、注意力机制等技术。

2.2.2　关系抽取

关系抽取是指从语义中抽取关系，语义关系存在于两个实体或者多个实体之间。语义关系通常联系两个实体，并与实体一起表达文本的主要含义。常见的关系抽取结果可以用 SPO 结构的三元组来表示，即(Subject, Predication,Object)。"中国首都北京"表示中国与北京的首都关系，这可以用三元组(中国, 首都, 北京)来表示。

主流的关系抽取的方法可以分为基于规则的关系抽取方法、基于监督学习的关系抽取方法、基于弱监督学习的关系抽取方法、基于无监督学习的关系抽取方法。监督学习最适用于预测、分类、性能比较、预测分析、定价和风险评估等任务。半监督学习往往对一般数据创建和自然语言处理有意义。至于无监督学习，它在性能监测、销售功能、搜索意图以及潜在的更多方面有一定的地位。

1. 基于规则（模板）的关系抽取方法

早期的实体抽取通常是由模板匹配实现，基于规则抽取的方法匹配准确率高，但是只能在小规模和特定领域的关系抽取问题上取得比较好的效果，覆盖率不高，且切换其他领域场景难度较高。基于模板规则的方法常见的有基于触发词的模板、基于依词分析的模板。

1）基于触发词的模板

定义一套模板，如 x 的首都 y，根据触发词首都，从"中国首都北京"提取出关系，同时通过 NER 给出关系的参与方。

2）基于依词分析的模板

以动词为起点构建规则，对节点上的词性和边上的依存关系进行限定。一般情况下包括形容词+名字或动宾短语等情况，因此相当于以动词为中心结构做的模板。执行流程为：① 先进行分析、词性标注、命名实体识别；② 依词分析等处理，对句子根据依词分析语法树匹配规则，符合规则的生成相应的三元组；③ 对抽取出的三元组根据扩展规则进行扩展；④ 对相应的三元组实体和触发词进一步处理，取出语义关系。

2. 基于监督学习的关系抽取方法

基于监督学习的关系抽取方法将关系抽取转换为分类问题，在大量标注数据的基础上，训练有监督学习模型进行关系抽取。执行流程为：① 预先定义好关系的类别；② 人工标注数据；③ 设计特征表示；④ 选择一个分类模型（SVM、NN、朴素贝叶斯），基于标注数据进行训练；⑤ 评估模型方法。

基于监督学习的抽取方法准确率高，标注的数据越多就越准确。但缺点是标注成本过高，不方便扩展。基于监督学习的方法主要有流水线（pipeline）训练和联合学习。

（1）流水线训练。即识别实体和关系分类是完全分离的两个过程，不会相互影响，关系的识别依赖于实体识别的效果，这样做的好处是各模型相互独立，设计上较为容易，但误差会逐层传递，步骤太多有可能导致后续不可用。

（2）联合学习。与流水线训练相比，联合学习方法同时抽取实体和实体之间的关系，联合学习方法通过实体识别和关系分类联合模型，直接得到存在关系的实体三元组，主要是基于 RNN、CNN、LSTM 及其改进模型的网络结构。

3．基于弱监督学习的关系抽取方法

弱监督学习介于监督学习和无监督学习之间，弱监督学习对少量的数据进行标注，只利用少量的标注数据进行模型训练，在不足的条件下提高模型在标记样本中的泛化能力。主要方法包括远程监督学习和 Bootstrapping。

1）远程监督学习

远程监督学习方法就是将知识库和非结构化文本数据对齐，自动构建大规模训练数据，减少模型对人工标注数据的依赖，增强模型的跨领域适应能力。如果两个实体在知识库中存在某种关系，那么远程监督方法将会认为包含这两个实体的句子中均存在这种关系。远程监督可以利用知识库减少一定的人工标注，但是因为假设太过肯定，引入大量噪声，存在语义漂移。在没有高质量的标注数据时，可以采用这种方法短时间内生成大量标注数据。

远程监督的流程是：① 从知识库中抽取存在关系的实体对；② 从非结构化文本中抽取含有实体对的句子作为训练样例；③ 训练模型进行关系抽取。

2）Bootstrapping

Bootstrapping 通过在文本中匹配实体对和表达关系短语模式寻找新的关系三元组，该方法构建成本低，适合大规模的构建，同时还可以发现新的关系。缺点是初始种子集比较敏感，存在语义漂移，准确率较低。

4．基于无监督学习的关系抽取方法

从文本中提取关系，无监督学习不需要标注任何训练数据，提供一组种子元组或编写规则来提取文本中的关系。

聚类（clustering）是无监督学习中常见的过程。聚类寻找数据点的相似点并将类似

的数据分类，对类似数据进行聚类也可以对数据进行更准确的分析。在有大量数据的情况下，聚类也可以用来降低数据的维度。

降维（dimension reduction）就是在保证数据所具有的代表性特性或者分布的情况下，将高维数据转换为低维数据的过程。它减少了数据集中的属性数量，从而使生成的数据与正在解决的问题更加相关。

2.2.3　事件抽取

事件抽取是知识图谱中的重要任务，它涉及从自然语言文本中提取出用户感兴趣的事件信息，并将其以结构化的形式展现出来。除了时间、地点和参与者等属性，事件通常还包括其他重要信息，如事件类型、事件描述等。事件的发生通常是由于某个动作的产生或系统状态的改变。

为了完成事件抽取任务，需要进行多个阶段的分类工作。首先，需要识别文本中的事件触发词和确定事件类型，这可以通过使用分类器来判断特定词汇是不是事件触发词。接下来，需要抽取出事件元素，即与事件直接相关的实体或概念。这可以借助分类器来判断词组或句子是不是事件元素。同时，对于每个事件元素，还需要确定其角色类别，如事件的主体、客体或其他关系。为此，需要使用分类器来判定元素的角色类别。

通过以上的分类工作，可以逐步完成事件抽取任务，将自然语言文本中的事件信息转换为结构化的形式，以丰富和完善知识图谱中的实体和关系。这样的事件抽取过程可以提供更准确和精细的事件描述，使知识图谱更具表达能力，支持更多的知识驱动应用，如事件推理、时间线分析等。进一步的研究和发展还可以涉及对事件的时间顺序关系的建模和处理，以及对事件描述的语义解析和推理等方面，以进一步提升事件抽取的效果和应用能力。

2.3　知　识　存　储

知识图谱以图结构对知识进行建模和表示，所以常将知识图谱中的知识作为图数据进行存储。实验阶段的小规模知识图谱多使用文件对知识进行存储。在面对大规模知识图谱的查询、修改、推理等需求时，可以考虑使用数据库管理系统对知识进行存储。

知识存储主要有 3 种选择：基于表结构的关系型数据库、RDF 存储系统和原生图数据库。原生图数据库和 RDF 存储系统可以直接用于知识图谱的存储，关系型数据库通常不会被直接用于知识存储。由于关系型数据库使用广泛、技术成熟，有不少 RDF 存储系统使用关系型数据库作为底层存储方案，对 RDF 数据进行存储。

2.3.1 基于表结构的关系型数据库

当今主流的数据库是关系型数据库。基于表结构的关系型数据库是指采用了关系模型来组织数据的数据库，其以行和列的形式存储数据，以便于用户理解。关系型数据库依托于关系数据模型创建数据库，关系模型利用二维表格来存储数据，二维表也被称为关系。二维表是一列二维数组的集合，由行和列组成，非常方便于查询和读取，代表与存储对象之间的关系。

在数据库技术发展的历史上，1970 年 6 月，IBM 圣约瑟研究实验室的高级研究员埃德加·考特（Edgar Frank Codd）在 *Communications of The ACM* 上发表了《大型共享数据库数据的关系模型》这一划时代的关于数据库的论文。经过几十年的发展，随着关系型数据库的理论基础与相关技术产品的丰富完善，也出现了众多稳定、高性能的数据库产品：商业数据库包括 Oracle、DB2 和 SQL Server 等；开源数据库包括 PostgreSQL 和 MySQL 等。关系型数据库具有原子性、一致性、持久性、隔离性 4 种特性，除了便于使用和维护，还具备很强的安全性和事物保证性，所以被广泛使用。

基于关系数据库的存储方案是目前知识图谱采用的一种主要存储方法。基于表结构的知识存储利用二维数据表对知识图谱中的数据进行存储，典型的有关系型数据库、三元组表、类型表。

（1）关系型数据库：表中每一列称为一个属性，也称字段，用来描述实体集的某个特征。元组（tuple）以表中每一行表示，由一组相关属性的取值构成，相对完整地描述了一个实体。

（2）三元组表：知识图谱中的事实是一个个的三元组，一种最简单直接的存储方式是设计一张三元组表存储知识图谱中所有的事实。

（3）类型表：在构建数据表时，考虑了知识图谱的类别体系，为每种类型构建一张表，同一类型的实例存放在同一张表中。表的每一列表示该类实体的属性，表的每一行存储该类的每一个实例，不同类别的公共属性存储在上一级类别对应的数据表中，下级表继承上级表的所有属性。类型表解决了三元组表过大和结构简单的问题，但多表连接操作开销大，并且大量的数据表难以进行管理[3]。

2.3.2 RDF 存储系统

RDF 存储系统是构建知识图谱的重要基础设施之一。知识图谱是一个由实体、属性和它们之间的关系组成的大规模图形数据集合，其中的实体、属性和关系可以通过 RDF

三元组进行描述和存储。RDF 存储系统通过将 RDF 三元组存储为图中的节点和边的方式，实现对知识图谱的存储和管理。RDF 存储系统提供了标准的 RDF 数据查询语言（SPARQL）和 RDF 数据模型（RDF Schema 和 OWL），可以帮助用户更加高效地检索和理解知识图谱中的数据。此外，RDF 存储系统还具有可扩展性和可配置性等优点，可以方便地处理和管理不断增长和变化的知识图谱数据，为知识图谱提供了可靠的数据存储和管理能力，同时也为知识图谱的查询、推理、可视化等功能提供了支持。

1. RDF 三元组模型

RDF 用三元组的结构来描述资源，每个三元组由主语、谓词、宾语 3 个元素构成。根据 RDF 标准，每一个三元组称为陈述，多个语句的集合称为描述。可以将 RDF 三元组的集合看作图数据的一种表示，所以可以认为 RDF 存储系统是一种严格遵循语义网标准的图数据库。

2. 常见的 RDF 数据库

常见的三元组存储系统有 gStore、RDF4J、Virtuoso、AllegroGraph、BlazeGraph、GraphDB、Jena 等，下面进行详细介绍。

1）开源 RDF 三元组数据库 gStore

gStore 是一款面向 RDF 知识图谱的开源图数据库系统，是由北京大学计算机所数据管理实验室研发的面向 RDF 知识图谱的开源图数据库系统（通常称为 Triple Store），采用原生的图数据模型（native graph model）来管理 RDF 数据，保留了原始 RDF 知识图谱的图结构。其数据模型是有标签、有向的多边图，每个顶点对应一个主体或客体。该系统使用基于图结构的索引（VS-tree）来加速 SPARQL 查询，将查询转换为面向 RDF 图的子图匹配查询。gStore 的单机存储容量可达 50 亿条边，分布式系统在标准百亿边规模测试集上达到秒级查询响应延迟。此外，gStore 图数据库的更新性能可以达到十万条边每秒。

gStore 已经作为开源项目发布，源代码和文档可以在 GitHub（https://github.com/pkumod/gStore）项目网站下载。gStore 只能在 Linux 系统上运行。

2）开源 RDF 三元组数据库 RDF4J

RDF4J 是由荷兰软件公司 Aduna 作为 On-To-Knowledge 的一部分创建的，这是一个从 1999 年到 2002 年运行的语义网络项目。RDF4J 是一个功能强大的数据库，用于处理 RDF 数据。这包括使用 RDF 和关联数据创建、解析、可扩展存储、推理和查询。它提供了一个易于使用的 API，可以连接到所有领先的 RDF 数据库解决方案。它允许用户连接 SPARQL 端点并创建利用链接数据和语义 Web 的强大功能的应用程序。

RDF4J 完全支持用于表达查询的 SPARQL 1.1 查询和更新语言，并使用与本地访问完全相同的 API 提供对远程 RDF 存储库的透明访问。RDF4J 支持所有主流 RDF 文件格式，包括 RDF/XML、Turtle、N-Triples、N-Quads、JSON-LD、TriG 和 TriX。图 2.4 所示为 RDF4J 的模块化架构，来源自 RDF4J 官方网站。

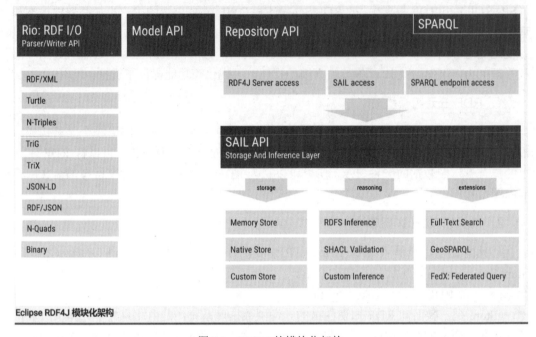

图 2.4　RDF4J 的模块化架构

3）商业 RDF 三元组数据库 Virtuoso

Virtuoso 数据库是一个商业付费的图数据库，Virtuoso Universal Server 是一个建立在现有开放标准之上的现代平台，它利用超链接（充当超级密钥）的力量来打破阻碍用户和企业能力的数据孤岛。Virtuoso 是一个高性能的对象关系 SQL 数据库。作为数据库，它提供事务、智能 SQL 编译器、强大的存储过程语言以及可选的 Java 和.Net 服务器端托管、热备份、SQL-99 支持等。它具有所有主要的数据访问接口，如 ODBC、JDBC、ADO .Net 和 OLE/DB。OpenLink Virtuoso 支持嵌入 SQL 的 SPARQL，用于查询存储在 Virtuoso 数据库中的 RDF 数据。SPARQL 受益于引擎本身的低级支持，如 SPARQL 感知的类型转换规则和专用的 IRI 数据类型。例如，Virtuoso 的核心 SQL 和 SPARQL 为许多企业知识图计划提供支持，就像它们为 DBpedia 和链接开放数据云（世界上最大的可公开访问的知识图）中的大多数节点提供支持一样（Virtuoso 的网址为 https://virtuoso.openlinksw.com/）。图 2.5 是 Virtuoso 数据库示例，为 Virtuoso 部署成功后 Web 展示页面。Virtuoso 同时发布了商业版本 Virtuoso Universal Server（Virtuoso 统一服务器）和开源版本 OpenLink Virtuoso。开源版本可以在 GitHub（https://github.com/openlink/virtuoso-opensource）找到，在 sourceforge

上同时也提供免费版本（https://sourceforge.net/projects/virtuoso/files/virtuoso/）。

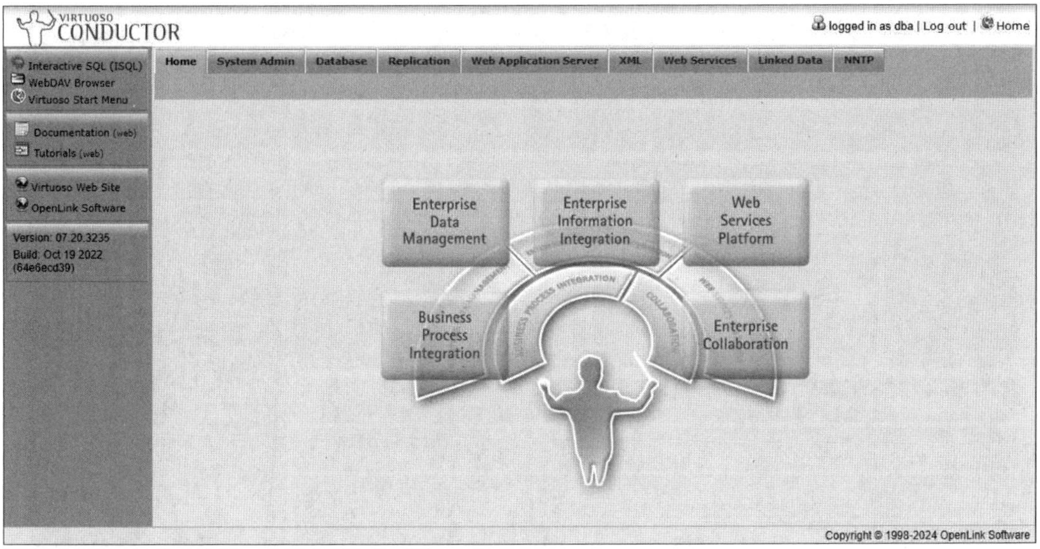

图 2.5　Virtuoso 数据库

4）商业 RDF 三元组数据库 AllegroGraph

AllegroGraph 是一个数据库和应用程序框架，用于构建基于高性能三重存储的企业知识图谱解决方案。可以使用 Java、Python、Lisp 和 HTTP 接口管理数据和元数据，并使用 SPARQL 和 Prolog 进行查询。AllegroGraph 带有社交网络分析、地理空间、时间和推理能力。AllegroGraph FedShard™是目前最新的功能（截至笔者结稿），可提供大规模的横向可扩展性。图 2.6 显示了 AllegroGraph 架构（来源为 AllegroGraph 官方网站）。

5）商业 RDF 三元组数据库 Blazegraph

Blazegraph 在 1.5 版本之前叫作 Bigdata，改名 Blazegraph 之后，其开发理念也有所调整。原来仅仅是支持 RDF 三元组存储和 SPARQL，现在已经定位为全面支持 Blueprints 标准的图数据库。Blazegraph 是基于标准的、高性能、可扩展的开源图数据库。该平台完全用 Java 编写，支持 SPARQL 1.1 系列规范，包括查询、更新、基本联合查询和服务描述。大数据支持持久命名解决方案集的新颖扩展、高效存储和查询具体语句模型，以及可扩展的图形分析。数据库支持多租户，可以部署为嵌入式数据库、独立服务器、高度可用的复制集群，并且作为类似的服务水平分片联合到 Google 的 bigtable、Apache Accumulo 或 Cassandra。Blazegraph 的官方网站为 https://blazegraph.com/，GitHub 项目代码地址为 https://github.com/blazegraph/blazegraph-samples。图 2.7 是 Blazegraph 的服务架构（来源为 Blazegraph 官方网站）。

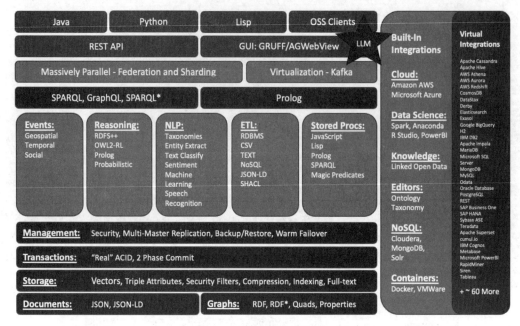

图 2.6　AllegroGraph 架构

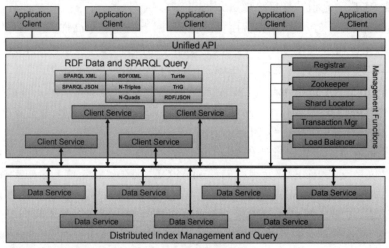

图 2.7　Blazegraph 架构

2.3.3　原生图数据库

原生图存储模式专门为存储和处理图而设计，可支持各类图算法的快速遍历；非原生图存储则采用关系数据库、面向对象数据库或其他通用数据存储策略存储数据，未专门优化存储方式。

原生图存储的特点和优势如下。

☑　图数据模型：原生图存储采用图数据模型来表示和存储数据，其中节点和边是图的基本元素。这种模型直观地反映了数据之间的关系和连接，使图算法和图查询能够以更自然的方式进行。

☑　快速遍历：原生图存储采用了高效的数据结构和索引技术，可以实现快速的图遍历。这对于许多图算法（如最短路径、图聚类、社区检测等）是非常重要的，因为它们需要在图中进行大规模的遍历和探索。

☑　图算法支持：原生图存储针对各类图算法进行了优化，提供了丰富的图算法库和函数，使图分析和挖掘任务更加高效和灵活。这些图算法可以直接在原生图存储上执行，无须数据的转换或迁移。

相比之下，非原生图存储采用了关系数据库、面向对象数据库或其他通用数据存储策略来存储图数据。这些存储方式并没有针对图数据的特点进行专门优化，因此在图遍历和图算法执行方面可能会存在性能瓶颈。虽然非原生图存储在一些场景下可以满足基本需求，但对于大规模图数据和复杂图算法来说，通常无法提供高效的处理能力。随着图数据应用的不断增长，原生图存储在图数据库和图计算领域得到了广泛应用。它为用户提供了更好的图数据管理和处理能力，使图分析成为可能，并在社交网络分析、推荐系统、生物信息学、物联网等领域发挥着重要的作用。

1．Neo4j

Neo4j 是世界上目前最流行的图数据库之一。其架构旨在优化管理、存储和遍历节点及关系。图数据库采用属性图方式，对遍历性能和操作运行时间都有好处。与大多 RDF 三元组数据库采用 SPARQL 语言不同的是，Neo4j 采用专用的查询语言 Cypher。Cypher 语言允许用户从图形数据库存储和检索数据。它是一种声明性的、受 SQL 启发的语言，用于使用 ASCII 艺术语法描述图形中的视觉模式。该语法提供了一种视觉和逻辑方式来匹配图中节点和关系的模式。Cypher 的设计易于所有人学习、理解和使用，同时也融合了其他标准数据访问语言的强大功能。Neo4j 社区版目前只支持单机部署，如果想要实现分布式部署，则需要购买商业版。图 2.8 是 Neo4j 图数据的浏览器界面。

2．JanusGraph

与 Neo4j 不同的是，JanusGraph 开源免费，适合个人开发使用，可以让用户更方便地不计成本地扩展图数据的处理，并支持实时图遍历和分析查询。JanusGraph 的架构如图 2.9 所示（来源为 JanusGraph 官方网站）。

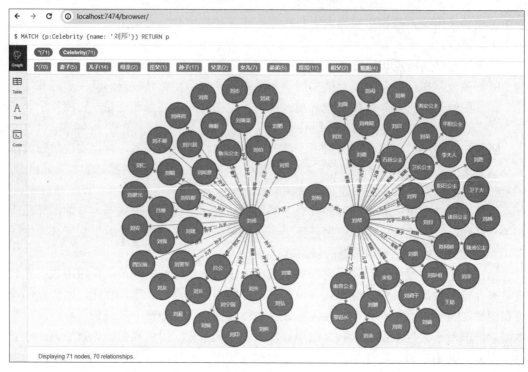

图 2.8　Neo4j 图数据库

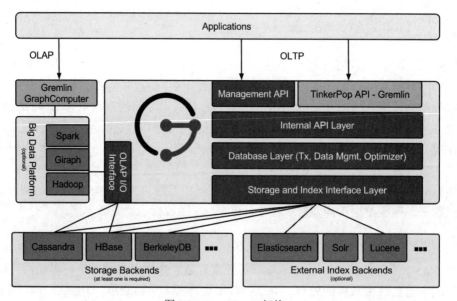

图 2.9　JanusGraph 架构

因为 JanusGraph 是分布式的，可以自由地扩展集群节点，因此，它可以利用很大的集群，也就可以存储很大的包含数千亿个节点和边的图。此外，它还支持实时、数千用户并发遍历图和分析查询图的功能。JanusGraph 的这两个特点是它的显著优势。

2.4　知　识　融　合

知识融合是指将不同来源的知识进行整合和合并，以形成更全面、一致和准确的知识表示。在知识图谱中，知识融合是一个重要的任务，它可以帮助消除数据的冗余和不一致性，提高知识的质量和准确性。

2.4.1　知识融合的概念

知识融合描述的是多个来源的、关于同一个实体或概念的描述信息融合。知识图谱的知识来源广泛，不同来源的数据会造成知识重复，系统需要同时处理不同领域知识库和不同领域的知识，将数据合并融合构建统一的知识库。知识融合合并实体时，需要确认等价实例、等价类/子类、等价属性/子属性，除了实体对齐，还存在概念层的融合、跨语言的融合等工作。

知识图谱包含描述知识的本体层和描述具体事实的实例层。

（1）本体层是指描述特定领域的抽象概念、属性、公理。在本体层，通过定义本体，可以对领域中的概念进行建模。本体包括实体类、属性和关系的定义，以及它们之间的层次结构、约束条件和推理规则。本体的设计可以帮助理解和组织领域知识，使知识图谱能够更好地表示和推理领域内的概念和关系。

（2）实例层是指描述具体的实体对象和实体间存在的关系。实例是指领域中具体的个体或事物，可以是人、地点、事件、产品等。实例层的数据可以从不同的来源获取，包括文本、数据库、网络等。通过将这些实例与本体层中定义的概念和关系进行关联，可以构建起一个丰富的知识图谱。

知识融合通常由本体匹配和实体对齐组成。本体匹配和实体对齐是知识融合的重要组成部分。本体匹配是指将不同本体中相似的概念进行匹配和对应，以建立概念间的对应关系。实体对齐则是将不同数据源中描述同一实体的信息进行匹配，以建立实体间的对应关系。通过本体匹配和实体对齐，可以将来自不同数据源的知识整合到一个一致的知识图谱中，提供更全面和准确的知识表示。

知识融合的目标是实现跨数据源的知识互操作性，使不同领域的知识可以相互补充和利用。这对于知识图谱的应用和推理具有重要意义，可以提供更丰富的知识支持和智能决策。

2.4.2 知识融合的异构

知识融合的异构可以划分为两个层次，即语义层异构和模型层异构。

1. 语义层异构

语义层异构指的是语法、逻辑、元语、表达能力等不相匹配。语法异构指的是采用不同的描述语言，导致语法不匹配，涉及的描述语言有 RDF、OWL、JSON、XML；逻辑异构指的是逻辑表示不匹配，如 disjointWith、A NOT B AND B NOT A；元语异构指的是元语语义差别，如 Class 在 OWL DL 和 OWL FULL 上；表达能力异构指不同语言表达能力差异，一些语言具有表示概念全集和概念空集的概念，如 OWL: Thing、OWL:Nothing。

2. 模型层异构

模型层异构指的是概念化、解释不匹配，是指由于本体建模方式不同所造成的不匹配，包括不同的建模者对事物的概念化抽象不匹配、对相同概念或关系的划分方式不匹配，以及对本体成分解释的不匹配。

概念化不匹配示例：动物既可以按照食性分为食肉、食草、腐食、杂食动物，也可以按照哺乳方式分为哺乳和非哺乳动物。

解释不匹配示例："算账"在不同场景有不同意思，既可以表示会计计算，也可以表示吃亏或失败后和人进行争执较量，有报复的意思。

2.4.3 本体匹配

本体匹配（ontology matching）指发现建立不同本体的实体之间的关系，也可以称为本体对齐、本体映射。本体匹配系统一般包括预处理、匹配器匹配、匹配抽取、结果输出等过程。下面介绍基于术语和基于结构的匹配方法。

1. 基于术语的匹配方法

该方法基于本体的术语，依据本体相关的名称注释等信息比较异构本体，同时又分为基于字符串和基于语言的方法。基于术语的匹配方法的核心在于本体的概念和属性的文本向量化，通过向量相似度实现文档匹配。

（1）基于字符串的方法：将术语字符串结构化比较，在字符串比较之前进行字符串规范化，有利于结果比较。相似度计算可以采用 Levenshtein 距离、汉明距离、Dice 系数、TF-IDF 来计算。

（2）基于语言的方法：是指采用自然语言处理技术来发现关系，又分为内部方法和外部方法。内部方法通过语言的内部属性寻找同一字符串的不同语言形态；外部方法通过外部的资源来发现关系。

2．基于结构的匹配方法

结构匹配法使用本体结构的信息弥补文本信息不足，本体中的概念属性通常具备大量的其他概念和属性，可以看成一种图结构。Anchor-PROMPT 算法[4]：如果两对术语相似且有连接路径，那么路径中的元素也通常相似，如图 2.10 所示。(A,B)(H,G) 两对配对术语，A、H 的距离为 3，B、G 的距离为 3，C 与 D 相似，D 与 F 相似。生成一对小于一定长度 L 的路径连接两个本体的 anchor，且路径相等，对于路径中间的节点，增加相似度得分。Anchor-PROMPT 算法如图 2.10 所示（图片来源于 Anchor-PROMPT 算法[4]）。

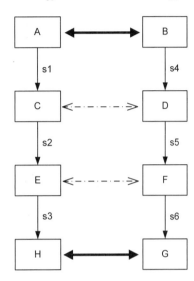

图 2.10　Anchor-PROMPT 算法

2.4.4　实体对齐

实体对齐（entity alignment）是指发现对齐相同对象的不同实例，也可以称为实体消解、实例匹配。实体对齐可以划分为成对实体对齐和集体实体对齐。

1．成对实体对齐

成对实体对齐的方法有基于传统概率模型的实体对齐方法和基于机器学习的实体对齐方法。

（1）基于传统概率模型的实体对齐方法主要是考虑实体属性之间的相似性，而不考虑实体之间的关系，通过属性相似度评分来评判实体匹配程度，建立模型提高匹配精确度。

（2）基于机器学习的实体对齐方法将实体转换为二分类问题，根据是否标注数据又可以分为有监督学习和无监督学习。有监督学习方法主要是通过标注数据建立模型训练进行实体对齐；无监督学习方法主要是通过聚类算法的方式进行实体对齐。

2. 集体实体对齐

集体实体对齐经典的方法有 SiGMa 算法[5]，SiGMa 是一种迭代传播算法，它利用关系图中的结构信息以及贪婪局部搜索中实体属性之间的灵活相似性度量，从而使其具有可扩展性。经典的还有基于概率模型的 CRF 模型等。

2.5 知 识 推 理

知识推理是指在已有知识的基础上，推理并发现隐藏、未知知识的过程。推理作为知识图谱中重要的一环，可进一步完善、扩展知识库。就知识推理而言，主要包括两种：一种是已知知识中的发现，另一种是利用现有知识推导归纳得出新知识。常见的推理方式有基于规则的推理、基于表示学习的推理、基于图结构的推理。

1. 基于规则的推理

基于规则的推理主要是通过运用简单的规则、约束条件或者统计方法进行推理。

基于规则的推理方法可解释性强，例如：A 属于 B、B 属于 C，可以得出 A 属于 C。该方法经常需要提前编写规则或者通过统计的方法归纳出规则进行推理，大规模数据推荐通过统计的方法生成规则。基于规则的推理方法还可以将规则与各种概率图模型结合，在构建好的逻辑网络基础上进行推理得出事实。ProbKB[6]是一个概率知识库，项目旨在通过可扩展的学习和推理来构建网络规模的概率知识库，由 Web 规模提取的实体、事实和表示为马尔可夫逻辑网络（MLN）的规则构建而成。ProbKB 允许一种高效的基于 SQL 的推理算法来完成知识，并批量应用 MLN 推理规则。

2. 基于表示学习的推理

基于表示学习的推理的核心是将实体、属性、关系映射到向量空间中，将其作为机器学习算法的输入。

分布式表示学习的推理方法包括了张量分解、距离模型和语义匹配模型。张量分解中典型的有 RESCAL[7]模型，是张量因子分解模型的代表性方法，该模型的主要思想是三阶张量分解，三元组→实体*关系矩阵。知识图谱中基于距离模型，经典的有 TransE 模型[8]，作者提出了一种将实体和关系嵌入到低维向量空间中进行计算的建模方法，通过将关系解释为在实体的低维嵌入上操作的翻译来对关系进行建模，该方法较为简单、参数较少，是基于距离建模的开山之作。广泛的实验也表明 TransE 在两个知识库上的链接预测中明显优于当时最先进的方法。基于语义匹配模型，经典的有语义匹配能量 SME 模型。首先将实体和关系投映到输入层中的嵌入向量，然后将关系 r 与头尾实体分别组合至隐藏层，输出则是评分函数。SME 有线性和双线性两个版本。

3. 基于图结构的推理

基于图结构的推理方法最经典的有路径排序方法，它基于路径排序算法（path ranking algorithm，PRA）。该方法使用实体之间的路径作为特征进行链接预测推理，PRA 是图谱路径推理早期的经典作品，PRA 算法处理的推理问题是关系推理，在推理过程中包含两个任务：第一个任务是给定头实体 h 和关系 r 来预测尾实体 t，叫作尾实体链接预测；第二个任务是利用尾实体 t 和关系 r 来预测头实体 h，叫作头实体链接预测。PRA 算法主要是自底向上构建的知识图谱，这种方法构建的图谱含有较多噪声。

2.6　参　考　文　献

[1] 莫宏伟，徐立芳. 人工智能导论[M]. 北京：人民邮电出版社，2020.

[2] 刘建炜，燕路峰. 知识表示方法比较[J]. 计算机系统应用，2010，20（3）：242-246.

[3] 闫树，魏凯，洪万福. 知识图谱技术与应用[M]. 北京：人民邮电出版社，2019.

[4] NOY N F, MUSEN M A. Anchor-PROMPT: using non-local context for semantic matching[J]. In Proceedings of the workshop on Ontologies and Information Sharing at the International Joint Conference on Artificial Intelligence, 2001, 63-70.

[5] LACOSTE-JULIEN S, PALLA K, DAVIES A, et al. Sigma: simple greedy matching for aligning large knowledge bases[J]. the 19th ACM SIGKDD international conference on Knowledge discovery and data mining, 2013, 572-580.

[6] WANG D Z, YANG C. Web-scale knowledge inference using markov logic networks[J]. ICML workshop on Structured Learning: Inferring Graphs from Structured and Unstructured Inputs, 2013.

[7] NICKEL M, Tresp V, KRIEGEL H P. A three-way model for collective learning on multi-relational data[J]. ICML'11: Proceedings of the 28th International Conference on International Conference on Machine Learning, 2011, 809-816.

[8] BORDES A, USUNIER N, GARCIA-DURAN A, et al. Translating Embeddings for Modeling Multi-relational Data[J]. Proceedings of NIPS, 2013, 1-9.

第 3 章
知识图谱的应用

本章将详细描述知识图谱的应用领域，涵盖知识库问答和基于图谱的推荐系统。

在知识库问答方面，我们将探讨如何利用知识图谱提供准确和及时的答案。读者将了解知识库问答的基本原理和技术，包括问题解析、知识匹配和答案生成等。

研究基于图谱的推荐系统，通过利用知识图谱中的实体关系和属性信息，我们可以为用户提供更加个性化和精准的推荐结果。另外还会介绍一些典型的基于图谱的推荐算法，并分享实际应用中的挑战和解决方案。

3.1　知识库问答

问答系统（question answering system，QA 系统）最初起源于搜索的发展，便于人们快速准确地获取问题的答案。如果用户查询"唐朝存在的时间"这个问题，传统的搜索引擎往往会返回很多关联性不强的信息，而知识库问答可以返回准确的信息以满足用户需求。谷歌提出的知识图谱也是为了优化其搜索效果的。知识库问答（knowledge base question answering，KBQA）是基于知识库的问答系统，也可称为知识图谱问答，是知识图谱的核心应用之一，系统可以对语言问题进行理解和解析，利用知识库进行查询和推理，返回答案。

3.1.1　知识库问答的构建方法

目前，KBQA 的主要构建方法有 3 种，即基于知识图谱的模板匹配、基于知识图谱的语义解析、基于知识图谱的向量建模。

1. 基于知识图谱的模板匹配

基于知识图谱的模板匹配是最基本的方法，也是最早采用的方法。这种方法需要人工构建大量模板来匹配用户问题，因此问答成功率和准确率高，但同时存在一些没有模板匹配的问题，相应的这种问题返回的答案不准确。

　　基于知识图谱的模板的问答系统的流程一般为获取问题→理解问题（意图识别）→查询模板→获取结果。TBSL[1]将问题的解析生成一个直接反映问题内部结构的 SPARQL 模板，基于模板的方法可以分为模板定义、模板生成、模板匹配 3 种。

　　（1）模板定义：结合知识库的结构和问句的句式进行模板定义，TBSL 将模板定义成 SPARQL 查询模板与自然语言映射，意图识别需要理解问题中的词汇和语义结构，后续还需要生成模板和模板实例化。

　　（2）模板生成：模板生成和模板实例化是模板匹配中的两个重要步骤。模板生成将问题解析为 SPARQL 模板，生成模板的过程可能还会有筛选聚合操作。生成 SPARQL 模板后进行模板匹配和模板实例化，需要将模板进行实例化和自然语言问句相匹配，即将自然语言表达式和本体概念进行匹配。基于模板的 SPARQL 查询生成器[1]如图 3.1 所示，TBSL 创建的模板可能与知识图谱中的数据建模不相契合，当遇到需要手动建立大量模板时，成本很高。QUINT 可以自动生成模板，弥补了这一不足。QUINT 架构图[2]如图 3.2 所示。

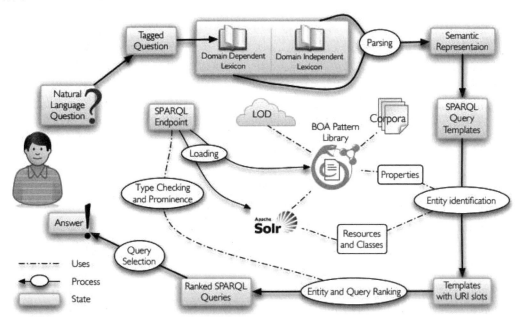

图 3.1　基于模板的 SPARQL 查询生成器概述（TBSL 示例）

　　（3）模板匹配：将自然语言问题与预定义的 SPARQL 查询模板进行匹配，从而生成相应的 SPARQL 查询。这种方法可以通过模式匹配、机器学习算法等方式实现。这种方法的优点是可以根据预定义的模板匹配自然语言问题，提高了精度。

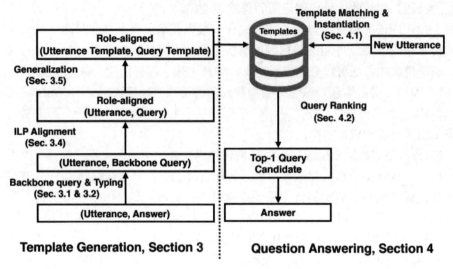

图 3.2　QUINT 架构图

2．基于知识图谱的语义解析

基于知识图谱的语义解析流程如图 3.3 所示。即先进行对自然语言问题的语法分析，将查询问题的语句转换成可以被知识库理解的逻辑形式，也可以称为逻辑表达式，再将逻辑表达式转换成知识库查询语句进行查询推理，从而得出答案。

图 3.3　基于知识图谱的语义解析流程

语义解析方法来自 Jonathan Berant 和 Andrew Chou 等人的论文 *Semantic parsing on freebase from question-answer pairs*[3]（文章发表于 2013 年的 EMNLP 会议）。语义解析的第一步通常是自然语言问句解析，第二步与知识库建立关联。

语义解析的过程通常是自底向上构建语法树，树的根节点对应着自然语言问题最终的逻辑表达式。整个流程可以分为词汇映射和构建语法树两个步骤：① 词汇映射，即短语向知识库的映射，通过构建词汇表来构造底层的语法树节点完成映射；② 构建语法树，即通过自底向上的方式对树的节点进行两两合并生成根节点的流程。语法树如图 3.4[3] 所示（图 3.4 的彩图效果请扫描右侧的二维码）。图中红色即逻辑部分，绿色为自然语言问题示例，蓝色部分为词汇映射和构建语法树的操作，最终形成的根节点即语义解析结果。

对齐（alignment）即构建词汇表，实现自然语言与知识库实体关系的单点映射，映射示意图如图 3.5[3]所示。如果文档有较多的实体对分别作为主语和谓语出现在如 born in 的两侧，且实体对同时在包含 PlaceOfBirth 的三元组中，那么 born in 与 PlaceOfBirth 建立映射。构建两个集合，分别为 phrases R_1（如 born in [Person,Location]）和 predicates R_2（如 PlaceOfBirth），对于每一个 $r\in(R_1\cup R_2)$，建立出现在 r 两端的实体对集合 $F(r)$，如 $F("born in" [Person,Location] =\{(BarackObama, Honolulu),\dots\}$，词汇表的生成基于两集合的交集来判断是否建立映射。

Type.Location $\sqcap$ PeopleBornHere.BarackObama
intersection

Type.Location　　*was*　　PeopleBornHere.BarackObama　　?
|lexicon　　　　　　　　　join
where　　　　　　BarackObama　　PeopleBornHere
|lexicon　　　　　|lexicon
Obama　　　　　*born*

图 3.4　语法树

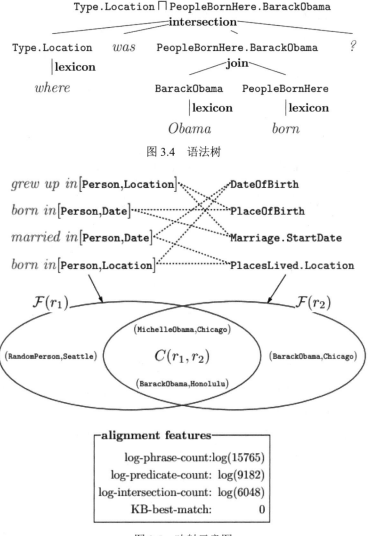

图 3.5　映射示意图

born in 有可能映射到 PlaceOfBirth 或 DateOfBirth，需要对 $r1$ 按照实体的类型进行划分，对于实体对(entity1,entity2)，如果经过查询得到的实体类型和宾语类型分别为 $t1$ 和 $t2$，则 $r1$ 可以表示为 r[$t1,t2$]，最后得出实体集合 F(r[$t1,t2$])。图 3.5 中绿色字体为 $r1$，蓝色字体为 $r2$（注意：图 3.5 的彩图效果请扫描右侧的二维码）。词汇映射的用于训练分类器的 3 种特征分别为对齐特征（alignment features）、文本相似度特征（text similarity features）、词汇化特征（lexicalized features）。训练分类器特征示意图如图 3.6[3]所示。

category	Description
alignment	Log of # entity pairs that occur with the phrase r_1 ($|\mathcal{F}(r_1)|$) Log of # entity pairs that occur with the logical predicate r_2 ($|\mathcal{F}(r_2)|$) Log of # entity pairs that occur with both r_1 and r_2 ($|\mathcal{F}(r_1) \cap \mathcal{F}(r_2)|$) Whether r_2 is the best match for r_1 ($r_2 = \arg\max_r |\mathcal{F}(r_1) \cap \mathcal{F}(r)|$)
lexicalized	Conjunction of phrase w and predicate z
text similarity	Phrase r_1 is equal/prefix/suffix of s_2 Phrase overlap of r_1 and s_2
bridging	Log of # entity pairs that occur with bridging predicate b ($|\mathcal{F}(b)|$) Kind of bridging (# unaries involved) The binary b injected
composition	# of intersect/join/bridging operations POS tags in join/bridging and skipped words Size of denotation of logical form

图 3.6　训练分类器特征示意图

桥接（bridging）是对 alignment 的一个补充，针对完成词汇表的构建后存在的一些其他问题，如一些表达比较弱或者含蓄的词的处理。例如"Which college did Obama go to"，假设 Obama 和 college 可被词汇映射为 BarackObama 和 Type.University，这里"go to"很难找到映射，需要寻找一个中间二元关系 b（即 Education），使句子可以被解析为（Type.University∩Education.BarackObama）。也可以这样理解桥接，给定两个类型（type）分别为 $t1$ 和 $t2$ 的一元逻辑形式 $z1$ 和 $z2$，找到一个二元逻辑形式 b，在 b 对应的实体类型满足($t1,t2$)的条件下生成($z1 \cap b.z2$)。桥接示例如图 3.7[3]所示。桥接的特征可参考图 3.6。

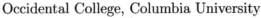

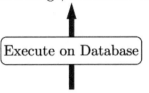

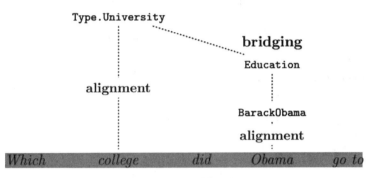

图 3.7　桥接示例图

建模是指基于提取的特征，使用 discriminative log-linear model 进行 modeling，公式为

$$p_\theta(d_i \mid x) = \exp\{\phi(x, d_i)^T \theta\} / \sum_d \exp\{\phi(x, d)^T \theta\}$$

x 代表自然语言问题，$\phi(x, d_i)$ 是由问题 x 和候选逻辑形式 d_i 提取出来的特征向量，θ 是需要 b 维的参数向量，对于训练数据问题的答案对 (x_i, y_i)，训练目标为最大化 log-likelihood 损失函数，通过 AdaGrad 算法进行参数更新，训练目标公式为

$$\mathcal{O}(\theta) = \sum_{i=1}^{n} \log \sum_{d \in D(x): [\![d.z]\!]_x = y_i} p_\theta(d \mid x_i)$$

目前，语义分析器 sempre 在 GitHub（https://github.com/percyliang/sempre）已开源。

3. 基于知识图谱的向量建模

基于知识图谱的向量建模方法的核心思想是将问题和答案都转换成向量形式，得到分布式表达，通过训练数据对该分布式表示进行训练，使问题和答案向量的关联相似度尽可能高，模型训练结束后根据答案的向量表示和问题表达的得分筛选出得分最高的返回答案。

下面以一个经典代表作[4]为例。基于向量建模的方法有两个关键点：一是将问题和答案映射到低维空间；二是如何对该分布式训练。

将问题和答案用分布式表示。q 表示问题，a 表示答案，W 是 $R(k \times N)$ 的一个矩阵，k 是词向量的维度，N 是词典的大小。N 表示全部单词数，N_s 表示全部的实体和关系数。

$N=Nw+Ns$。W 的第 i 列表示词典第 i 个单词（或实体、关系）的词向量。函数 $f(.)$将问题映射到词向量空间，定义为 $f(q)=W\Phi(q)$，$\Phi(q)$是一个离散向量，表示每个单词出现在问题 q 中的次数；$g(.)$表示将答案映射到相同的词向量空间，$g(a)=W\Phi(a)$。$\Phi(a)$是答案的离散向量表示。学习词嵌入是通过学习一个评分函数 $S(q,a)$，将得分函数定义为二者分布式表达的点乘，评分函数为

$$S(q,a)=f(q)^{\top}g(a)$$

将问题和答案映射为分布式表达的流程，如图 3.8[4]所示。

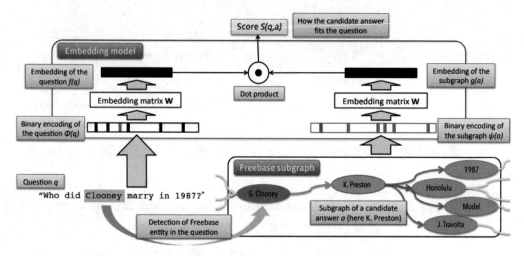

图 3.8　问题和答案映射为分布式表达的流程

下面训练分布式表达。使用基于 margin 的排名损失函数来训练模型，让 $D=\{(q_i,a_i):i=1,\ldots,|D|\}$表示训练集，最小化损失函数公式为

$$\sum_{i=1}^{|D|}\sum_{\overline{a}\in\overline{A}(a_i)}\max\{0,m-S(q_i,a_i)+S(q_i,\overline{a})\}$$

m 是固定值，是 0.1 的 margin，学习词向量矩阵 W，最小化整个损失函数，让正确答案和问题的得分更大。由于训练数据集中的大量问题是综合生成的，因此不能充分涵盖自然语言中使用的语法范围。进行一个多任务学习，让一个类簇的问题得分较高，训练方式与之前训练问题和答案得分是一样的，训练的评分函数公式为

$$S_{\mathrm{prp}}(q_1,q_2)=f(q_1)^{\top}f(q_2)$$

根据问题首先确定候选答案，从问题中主题词对应的知识库实体出发，通过 beam search 的方式保存 10 个与问题最相关的实体关系（通过把实体关系当成答案，用公式 $S(q,a)$ 的得分作为 beam search 的排序标准）。接下来选取主题词两条范围以内的路径，且该路径必须包含这 10 个关系中的关系，将满足条件的路径终点对应的实体作为候选答案，其

中，一条路径的权值是两条路径权值的 1.5 倍（因为两条路径包含的元素更多）。确定候选答案后，选取公式 $S(q,a)$ 得分最高的作为最终答案。

这种模式相较于语义解析等方法几乎没有任何手工定义的特征，不需要额外的系统，比较简单且易实现。向量建模没有考虑问题的词序顺序，训练分布式表达的模型简单，这些问题可以通过深度学习解决。

3.1.2　基于知识图谱的问答系统应用

目前，基于知识图谱的问答系统在各个领域都广泛应用，并对日常生活产生了重要影响。许多经典产品在不同领域中提供了智能问答服务，改善了用户体验和服务质量。

（1）在语音识别领域，百度旗下的人工智能助手小度、苹果的 Siri 语音问答系统以及微软的小冰等是常见的应用。这些语音问答系统通过语音交互，提供了快捷的问题回答和任务执行功能，帮助用户解决各种问题。

（2）在医疗领域，出现了左手医生等问答系统。这些系统利用知识图谱和医疗领域的专业知识，为患者提供医疗咨询、疾病诊断、药物推荐等服务。基于知识图谱的问答系统提高了医院类服务机构的服务能力，使患者能够获得更及时、准确的医疗信息。

（3）在电商领域，淘宝客服、京东客服、亚马逊客服等知识图谱问答系统为用户提供了便捷的购物咨询和售后服务。这些系统通过自动化的问答过程，减少了人工客服的工作量，提高了服务效率和质量，帮助用户更好地进行购物决策。

除此之外，通信行业的移动客服、联通客服等也应用了基于知识图谱的问答系统，为用户提供了便利的服务和技术支持。

基于知识图谱的问答系统成为各行各业的焦点，提升问答系统的服务水平成为当前关注的重点。这包括进一步完善知识图谱的构建和更新机制、提高问答系统的准确性和智能化水平、增强对领域知识和语义的理解能力、提供个性化的问答体验，以及优化系统的交互界面和用户体验等方面。

随着技术的不断发展和应用场景的不断扩大，基于知识图谱的问答系统将在各个行业继续发挥重要作用，并为用户提供更加便捷、智能的服务。

3.2　基于图谱的推荐系统

3.2.1　推荐系统

推荐系统（recommendation system）的出现旨在帮助用户找到感兴趣的内容。推荐系统的个性化推荐可以有效地解决互联网信息过载的问题，主动为用户提供可能感兴趣的信息，还可以根据用户的历史偏好为用户提供个性化的推荐，更精确的推荐可以有效地提升用户的体验。推荐算法是推荐系统的最核心部分，推荐系统具有不同的分类方法，按照推荐算法划分，主流的推荐系统可以分为基于内容的推荐（content-based recommendation）、基于协同过滤的推荐（collaborative filtering-based recommendation）及混合推荐（hybrid recommendation）。另外基于知识的推荐系统（包括基于本体和基于案例的推荐系统），即基于知识图谱的推荐更加注重知识表征和推理。

1．基于内容的推荐

基于内容的推荐始于信息检索，这是以物品内容的描述信息为依据做出的推荐，本质上是对物品和用户自身特征的直接分析和计算。基于内容的推荐算法根据用户已选择的对象，从候选集中选择出与用户已选对象相似的对象作为推荐结果。基于内容的推荐利用的是物品的内容信息，通过抽取物品的内容信息来描述物品，形成物品的特征属性并得出物品相似度，进而根据用户过去对物品的喜好推荐出用户喜好的物品。

基于内容的推荐结果比较直观，且简单有效。可以列出内容的特征或描述，对推荐结果进行解释，可解释性强，新的物品（item）可以立刻得到推荐，且用户之间相互独立。基于内容的推荐的缺点是：存在新用户的冷启动问题，很难发现新用户的兴趣爱好；不能带来新颖的推荐结果，给用户带来惊喜；内容分析有限，需要透彻分析，如对视频音乐分析很困难。基于内容的推荐如图 3.9 所示。

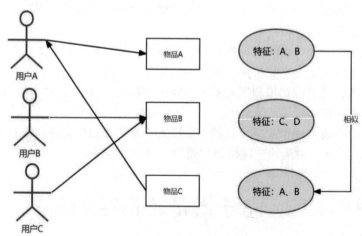

图 3.9　基于内容的推荐

2．基于协同过滤的推荐

协同过滤最早出现在 20 世纪 90 年代，基于协同过滤的推荐的基本思想是聚类，旨在根据用户的行为信息推荐与用户喜爱的物品相似的物品。例如，周围很多朋友选择了同一件物品，自己大概率也会选择该物品；或者用户挑选某件物品，与该物品类似的物品的评价很高，则购买此物品的概率也会提高。

一般来说，协同过滤可以分为 3 种类型：基于用户的协同过滤、基于物品的协同过滤、基于模型的协同过滤。

（1）基于用户的协同过滤（user-based CF）：是指给用户推荐与他相似的用户喜欢的物品。例如，用户 A 需要个性化推荐时，先找到与他兴趣相似的用户集合，然后将相似用户喜欢的且用户 A 没有看过的物品推荐给 A。

（2）基于物品的协同过滤（item-based CF）：是指给用户推荐与他之前喜欢的物品相似的物品。基于物品的协同过滤推荐类似于基于用户的协同过滤，使用所有用户对物品的喜欢来计算物品之间的相似度，将类似的物品推荐给用户。例如，用户 A 喜欢物品 a、b、c，用户 B 喜欢物品 a、c，用户 C 喜欢物品 a，根据用户喜欢的物品来计算物品相似度，认为物品 a 与物品 c 相似，所以将物品 c 推荐给用户 C。

基于用户的协同过滤和基于物品的协同过滤除了技术实现的不同，应用场景也有所不同。基于用户的协同过滤基于用户相似度进行推荐，偏向于社交，用户可以知道与自己兴趣相似的人喜欢什么，即便这个兴趣不在自己之前的爱好之中。如新闻热点，该方法具备发现追踪热点的趋势。基于物品相似度的协同过滤基于物品相似度进行推荐，该场景往往适合用户在一段时间内发现同一类型的物品，如豆瓣推荐电影或者网易云推荐音乐。

（3）基于模型的协同过滤：通过建模的方式来模拟用户对物品的评分行为。与上述两种协同过滤方法不同的是，首先使用机器学习和数理统计得到模型，然后进行预测。常见的模型包括聚类模型、贝叶斯模型、线性回归模型等。

基于协同过滤的推荐相比于基于内容的推荐，可以应用于复杂的文本对象上，如电影音乐。不依赖于物品内容推荐，可以发现用户新的兴趣，以用户为中心随着用户的增多，推荐体验越好。协同过滤也存在着一些问题：冷启动问题，即系统刚上线时，用户量过少或者物品没有浏览量导致无法推荐；数据稀疏性问题，如用户仅对一小部分物品进行评价，大量物品没有得到评价，一般而言数据量越大越稀疏。

3．混合推荐

混合推荐是指利用两种或者两种以上的推荐算法配合，以解决单个推荐算法出现的问题，达到更好的推荐效果。混合推荐有多种实现：

（1）加权（weight），加权多种推荐技术结果。

（2）变换（switch），根据问题背景和实际情况或要求决定变换采用不同的推荐技术。

（3）混合（mixed），同时采用多种推荐技术给出多种推荐结果，为用户提供参考。

（4）特征组合（feature combination），组合来自不同推荐数据源的特征被另一种推荐算法所采用。

（5）层叠（cascade），先用一种推荐技术产生一种粗糙的推荐结果，第二种推荐技术在此推荐结果的基础上进一步做出更精确的推荐。

（6）特征扩充（feature augmentation），将一种技术产生附加的特征信息嵌入另一种推荐技术的特征输入中。

（7）元级别（meta-level），用一种推荐方法产生的模型作为另一种推荐方法的输入。

基于知识的推荐通过会话等方式了解到用户的问题（需求），然后寻找匹配的答案（物品）。这种方法不存在冷启动的问题，且因为用户存在互动，用户的爱好变化之后不需要重新训练。基于知识的推荐依赖于知识，知识获取存在一定的难度，且用户必须给出需求。

3.2.2 基于知识图谱的推荐系统

传统的推荐系统（基于内容的推荐系统、基于协同过滤的推荐系统）通常具有数据稀疏性和冷启动问题，可以在推荐算法中额外引入一些辅助信息作为输入，丰富对用户和物品的描述以增强推荐算法的挖掘能力。常见的辅助信息有社交网络、用户/物品属性、视频音频描述信息等。根据推荐场景的特点，将各种辅助信息有效地融入推荐算法一直是推荐系统领域的难点和热点，从辅助信息中提取有效特征是推荐系统工程的核心问题。

知识图谱为推荐系统提供了潜在的辅助信息来源，图谱中的实体之间存在丰富的语义关系，通过关联关系可以更好地挖掘用户的兴趣。在知识图谱中，实体表示节点，关系表示边。从节点出发，具有精确性，知识图谱引入了物品之间的语义关系，提高了推荐的准确性。从边出发，具有多样性，知识图谱提供了实体之间不同的关系连接种类，图谱丰富的关系可以扩展用户的兴趣，有助于推荐结果的发散。另外，知识图谱又为推荐提供了可解释性，可以连接用户的历史记录和推荐结果，增强用户对推荐的信任和满意度。

基于知识的推荐方法可以分为基于嵌入的推荐和基于路径的推荐。

1. 基于嵌入的推荐

基于嵌入的应用知识图谱在推荐系统中主要通过图嵌入的方法对实体和关系进行表征，扩充用户和物品的语义信息，提升推荐效果。

知识图谱嵌入（knowledge graph embedding，KGE）是一种利用监督学习的方法，通过学习嵌入节点和边的向量表示来表达知识图谱中的实体和关系。知识图谱嵌入可以将"知识"映射到一个低维的连续向量空间中，这些向量通常只有几百个维度，从而提高知识存储的内存效率。向量空间中，每个向量代表一个概念，其位置具有语义意义，类似于词嵌入。一个好的 KGE 应该具备足够的表现力，以捕获知识图谱中的属性，能够处理表示关系的独特逻辑模式。此外，根据需要，可以添加或删除一些特定属性，以进一步提高知识图谱嵌入的性能。

基于 Trans 系列的图谱嵌入方法主要是将实体和关系映射到连续的向量空间。基于知识图谱嵌入的 Translate 模型有：TransE[5]、TransH[6]、TransR[7]、TransD[8]。

1）TransE

TransE 是最具代表性的平移距离模型。假设 h, r, t 分别是 head、relation、tail 对应的向量，如果(h, r, t)存在三元组关系，实体的向量 h 与关系向量 r 之和与尾实体向量 t 越接近越好$(h+r \approx t)$，即评分函数的数值越小，越符合实体节点的关系。TransE 模型在处理一对多、多对一和多对多关系时也会存在问题。TransE 的评分函数为

$$f_r(h,t) = \left\| h + r - t \right\|_2^2$$

TransE 模型如图 3.10 所示。

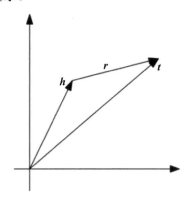

图 3.10　TransE 模型

2）TransH

TransH 引入了 relation-specific 超平面，实体投射到该平面上，TransH 通过超平面转换，使实体在不同关系中发挥不同的作用。

$h_\perp = h - w_r^\top h w_r$、$t_\perp = t - w_r^\top t w_r$ 分别是 h, r 映射到相同空间的向量。其中$\left\| w_r \right\|_2 = 1$。TransH 的评分函数为

$$f_r(h,t) = \left\| h_\perp + r - t_\perp \right\|_2^2$$

TransH 模型如图 3.11 所示。

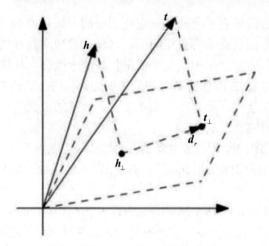

图 3.11   TransH 模型

3）TransR

TransR 与 TransH 的思想类似，引入的是 relation-specific 空间，使用一个投影矩阵把不同的实体向量映射到相同的向量空间 $h_r = hM_r$、$t_r = tM_r$ 中。TransR 可以表述更加复杂的模型，但由于要为每个关系都构建一个投影矩阵，复杂度高于 TransE 和 TransH。TransR 的公式为

$$f_r(h,t) = \left\| \boldsymbol{h}_r + \boldsymbol{r} - \boldsymbol{t}_r \right\|_2^2$$

TransR 模型如图 3.12 所示。

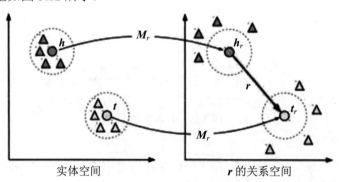

图 3.12   TransR 模型

4）TransD

TransD 是 TransR 的简化版，将投影矩阵分解为两个矢量乘积，给定一个事实 $(\boldsymbol{h},\boldsymbol{r},\boldsymbol{t})$，将实体表示 $\boldsymbol{h}$、$\boldsymbol{t}$ 投影到特定空间：

$$h_\perp = (r_p h_p^\top + I)h，\quad t_\perp = (r_p t_p^\top + I)t，$$

$$f_r(h,t) = \left\| \boldsymbol{h}_\perp + \boldsymbol{r} - \boldsymbol{t}_\perp \right\|_2^2 。$$

TransD 模型如图 3.13 所示。

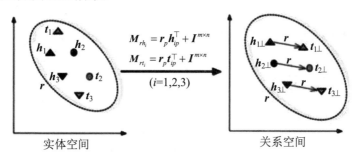

图 3.13　TransD 模型

TransE、TransH、TransR、TransD 的损失函数为

$$\mathcal{L} = \sum_{(h,r,t) \in \Delta} \sum_{(h',r',t') \in \Delta'} \max(0, f_r(h,t) + \gamma - f_r(h',t'))$$

DKN[9]作为新闻推荐的模型，是基于知识图谱嵌入的推荐案例，DKN 将知识图谱实体嵌入与神经网络融合起来，DKN 旨在解决已知用户新闻标题的点击历史，以及标题单词和知识图谱中实体的关联，预测接下来要点击哪一条新闻。在考虑语义的基础上，创造性地提出加入新闻之间知识层面的相似度量，为用户更精确地推荐可能感兴趣的新闻。

DKN 利用 CNN 句子进行特征提取，CNN 源于 Kim CNN，用句子包含词的词向量组成二维矩阵，然后经过一层卷积操作，再做一次 max-over-time 的 pooling 操作得到句子向量，句子表示学习的 CNN 架构如图 3.14[9]所示。

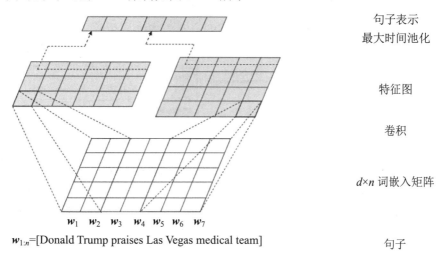

句子表示
最大时间池化

特征图

卷积

$d \times n$ 词嵌入矩阵

句子

$w_{1:n}$=[Donald Trump praises Las Vegas medical team]

图 3.14　用于句子表示学习的 CNN 架构

DKN 模型框架[9]如图 3.15 所示。

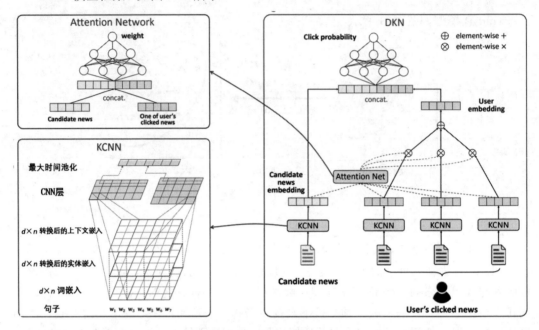

图 3.15　DKN 模型框架

DKN 的输入为候选新闻集合和用户点击过的新闻标题序列，在 embedding 层用 KCNN 来提取特征，Attention 层计算新闻向量与用户点击历史向量之间的 Attention 权重，顶层拼接这两个部分向量，用 DNN 计算用户点击此新闻的概率。

DKN 的知识提取[9]（knowledge distillation）如图 3.16 所示。

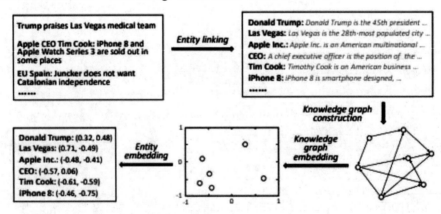

图 3.16　DKN 的知识提取

DKN 基于注意力机制的用户兴趣预测，当获取用户点击过的每篇新闻的向量表示后，计算候选文档对于用户每篇点击文档的 attention，计算 attention 的公式为

$$s_{t_k^i, t_j} = \text{softmax}\left\{H\left[\mathbf{e}(t_k^i), \mathbf{e}(t_j)\right]\right\} = \frac{\exp\left\{H\left[\mathbf{e}(t_k^i), \mathbf{e}(t_j)\right]\right\}}{\sum_{k=1}^{N_i} \exp\left\{H\left[\mathbf{e}(t_k^i), \mathbf{e}(t_j)\right]\right\}}$$

用户 i 对候选新闻 k 的表示为 $\mathbf{e}(i) = \sum_{k=1}^{N_i} s_{t_k^i, t_j} \mathbf{e}(t_k^i)$。

另一个 DNN 来计算用户点击新闻的概率的公式为 $p_{i, t_j} = g\left[e(i), e(t_j)\right]$。

除了基于 Trans 系列的图谱嵌入方法，还有基于异质信息网络的图嵌入方法，知识图谱因其节点和边具有不同的类别，又可以被称作一种异质信息网络图，因此可以使用一些异质信息网络图的嵌入方法对图上的实体和关系进行表征[10]。

2．基于路径的推荐

知识图谱可以与推荐系统的用户物品构建一个异构信息网（heterogeneous information network，HIN），可以在推荐系统中用元路径（meta-path）的方法进行挖掘。基于路径的算法从知识图谱中探索多条路径来构建两个实体之间的联系。它们通常将知识图谱看作一个异构信息网络，然后预先定义多条元路径来提取目标节点对之间的相似度。不同路径之间的不同权重反映了知识图谱中用户的偏好。但是由于路径长度的限制，它们丢失了全局关系。此外，这些方法通常非常依赖于元路径的设计，所以不能直接应用于新的数据中。

在异构信息网络中比较经典的相似度算法为基于元路径的相似度算法 PathSim[11]（meta path-based similarity），信息网络（information network）是一个有向图 $G=(V, E)$，它有一个对象类型映射函数 $\psi: V \rightarrow A$ 和一个链接类型映射函数 $\phi: E \rightarrow R$。其中，每一个对象 $v \in V$ 属于一个特定的类型对象 $\psi(v) \in A$，每一个链接对象 $e \in E$ 属于一个特定的关系类型 $\phi(e) \in R$，如果两个链接属于同一个关系类型，那么两个链接具有同样的开始对象类型和终止对象类型。当对象类型 $|A|>1$ 或者关系类型 $|R|>1$ 时，该网络称为异构信息网络，否则称为同构信息网络。

网络模式（network schema）记作 $TG=(A, R)$，是异构网络 $G=(V, E)$ 的元模板，它具有对象类型映射 $\psi: V \rightarrow A$ 和一个关系类型映射 $\phi: E \rightarrow R$，是定义在对象类型集合 A 和关系类型集合 R 上的有向图。网络模式和元路径[11]如图 3.17 所示。

元路径是一个定义在图的网络模式 $TG=(A, R)$ 上的路径。它的表示结构为 $A_1 \xrightarrow{R_1} A_2 \xrightarrow{R_2} \cdots \xrightarrow{R_5} A_{l+1}$，它定义 $A_1 \sim A_{l+1}$ 的一组复合关系 $R = R_1 \circ R_2 \cdots R_l$。

PathSim：基于元路径的相似性度量。$P_{x \rightsquigarrow y}$ 是 x 与 y 之间的路径实例，$P_{x \rightsquigarrow x}$ 是 x 与 x 之间的路径实例，$P_{y \rightsquigarrow y}$ 是 y 与 y 之间的路径实例。给定一个对称元路径 P，相同类型 x 和 y 两个对象之间的 PathSim 为

$$s(x,y) = \frac{2 \times \left| \left\{ p_{x \rightsquigarrow y} : p_{x \rightsquigarrow y} \in P \right\} \right|}{\left| \left\{ p_{x \rightsquigarrow x} : p_{x \rightsquigarrow x} \in P \right\} \right| + \left| \left\{ p_{y \rightsquigarrow y} : p_{y \rightsquigarrow y} \in P \right\} \right|}$$

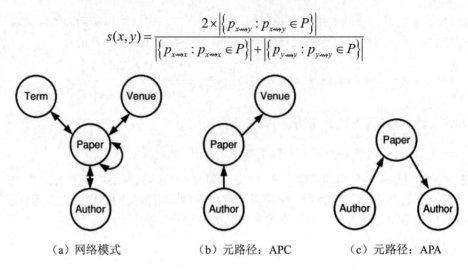

（a）网络模式　　　　（b）元路径：APC　　　　（c）元路径：APA

图 3.17　网络模式和元路径

传统基于元路径的方法虽然可以有很好的推荐效果以及可解释性，但是存在着一定的问题。首先，这类方法在构建推荐算法前需要先从数据中抽取、构造大量的元路径或元图，因此其并不是一个端到端的方式，并且当推荐场景或是图谱发生改变时需要重新构造。一些方法不采用构造元路径的方式，而是直接对异质信息网络中的用户与物品之间存在的语义路径进行挖掘。

3.2.3　推荐系统的应用

推荐系统的常见应用场景有电影和音乐、电商商品、药物、新闻等，目前知识图谱已广泛应用在这些场景并改善推荐效果。

在电影和音乐相关推荐场景中，知识图谱可以有效地补充关于演员和导演的相关信息特征，并将其作为辅助信息提升推荐效果。DoubanMovie 数据是从豆瓣电影上收集的，同样包括用户评分和标签数据。在使用知识图谱推荐电影时，因为电影名容易在知识图谱上匹配到，因此研究者可以直接将推荐系统中的物品与知识图谱进行映射。

新闻推荐属于一类特殊的推荐场景，因为新闻更新十分频繁，造成其具有冷启动、交互数据稀疏的问题，并且新闻中的文本是语义高度浓缩的，充满实体和常识。通常做新闻推荐时，会将新闻文本实体和关系提取出来和知识图谱相结合，将新闻与知识图谱中存在的人物关系和实体关联，以此提升推荐效果。

电商商品对商品的展示高度依赖于商品的推荐，其中的一些研究数据是从电商网站亚马逊上收集的，利用商品的属性特征如类别品牌等，将这些属性转换为语义信息，并作为辅助信息提升推荐效果。在智能医疗领域，可以利用医疗图谱中的病症、药品成分、药效等辅助信息提升推荐效果和解释性。

3.3　参　考　文　献

[1] UNGER C, BÜHmann L, LEHMANN L, et al. Template-based question answering over RDF data[J]. The international conference on world wide web, 2012: 639-648.

[2] ABUJABAL A, YAHYA M, RIEDEWALD M, et al. Automated template generation for question answering over knowledge graphs[J]. The international conference on world wide web, 2017: 1191-1200.

[3] BERANT J, CHOU A, FROSTIG R, et al. Semantic parsing on freebase from question-answer pairs[J]. In Proceedings of the 2013 Conference on Empirical Methods in Natural Language Processing, 2013: 1533-1544.

[4] BORDES A, CHOPRA S, WESTON J. Question answering with subgraph embeddings[J]. Conference on Empirical Methods in Natural Language Processing, 2014: 615-620.

[5] BORDES A, USUNIER N, GARCIA-DURAN A, et al. Translating embeddings for modeling multi-relational data[J]. Conference and Workshop on Neural Information Processing Systems, 2013: 1-9.

[6] WANG Z, ZHANG J, FENG J, et al. Knowledge graph embedding by translating on hyperplanes[J]. Association for the Advancement of Artificial Intelligence, 2014: 1112-1119.

[7] LIN Y, LIU Z, SUN M, et al. Learning entity and relation embeddings for knowledge graph completion[J]. Association for the Advancement of Artificial Intelligence, 2015: 2181-2187.

[8] JI G, HE S, XU L, et al. Knowledge graph embedding via dynamic mapping matrix[J]. ACL-IJCNLP, 2015: 687-696.

[9] WANG H, ZHANG F, XIE X, et al. DKN: Deep knowledge-aware network for news recommendation[J]. The international conference on world wide web, 2018: 1835-1844.

[10] 秦川，祝恒书，庄福振，等. 基于知识图谱的推荐系统研究综述[J]. 中国科学：信息科学，2020：937-956.

[11] SUN Y, HAN J, YAN X, et al. Wu. Pathsim: meta path-based top-k similarity search in heterogeneous information networks[J]. Proceedings of the VLDB Endowment, 2011: 992-1003.

第 4 章
数据采集与数据处理

　　本章将分为两个关键部分：数据采集和数据处理，旨在帮助读者全面了解知识图谱的数据准备过程。

　　在数据采集部分，将深入探讨如何获取和收集知识图谱所需的数据，并讨论数据获取的方法和技术，如爬虫、API 接口和数据挖掘等。

　　在数据处理部分，将介绍各种数据源，包括结构化数据、半结构化数据和非结构化数据，并探讨如何对采集的数据进行预处理和清洗，以便用于知识图谱的构建和应用。

4.1　数　据　采　集

4.1.1　网络爬虫概述

　　网络爬虫又名为 spider（蜘蛛），是指按照一定的规则来自动抓取互联网中信息的程序。网络爬虫的基本原理在于模拟用户在浏览器或者某个应用上的操作。把操作的过程转为自动化的程序，本质上是模拟网络请求并获取数据。网络爬虫可以按照需求分为两种：一种是通用爬虫，类似于搜索引擎全网抓取数据；另一种是聚焦爬虫，根据特定的需求采集一定范围内的数据，如采集某个 App 的数据或者采集汽车类的资讯。

　　知识图谱需要的往往是知识类型的数据，通常不需要像搜索引擎一样去抓取全网的数据，所以需要开发聚焦爬虫来采集特定范围内的数据，一般是定向采集，如百科类知识、新闻媒体信息、商品信息等。

　　目前爬虫主要有两种方式获取数据，一种是通过浏览器访问网页获取数据，另一种是从手机移动端的 App 上采集数据。

4.1.2　网页爬虫采集

　　网页爬虫采集是指通过实现浏览器的功能，模拟用户浏览网站的行为获取数据。这个过程是指通过输入网站 URL 地址获取数据。当用户在浏览器输入 URL 并点击网页时发生的流程如下：首先需要查找域名对应的 IP，向 IP 对应的服务器发送请求，服务器响应后返回网页数据，浏览器解析网页数据。网络爬虫和浏览器相当于请求网络数据的两个不同的客户端，本质上是一样的。HTTP 和 HTTPS 是目前常见的两种网络协议。HTTPS会进行加密，客户端到服务端的通信是安全的。

　　浏览器爬虫的基本工作流程如下：首先挑选网页种子，将 URL 放入待抓取 URL 队列中；然后从 URL 队列中取出 URL 种子，网络请求 URL 获取网页内容，下载网页内容并存储；最后提取新的 URL 放入待抓取队列中，开始新的一轮抓取。网页爬虫流程如图 4.1 所示。

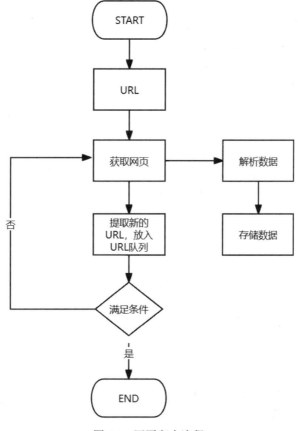

图 4.1　网页爬虫流程

Python 是一种面向对象、解释性、弱类型的脚本语言，语法简单、易学习。Python 在数据分析、机器学习、后端开发等各个计算机领域中被广泛应用。Python 提供了众多用于爬虫的网络请求库，常见的有 urllib、requests 等。网络请求下载网页数据后需要对网页进行解析，Python 的第三方库有 BS4、lxml 等。这些第三方库均可以通过 pip install 命令安装到本地。

根据网页资源的不同，网页采集又分为静态网页采集和动态网页采集。静态网页采集相对比较简单，常见于学校、公司等官网首页；动态网页采集相对困难一些，不同网站的采集难度也会有所不同，常见于商业化的电商网站、房产网站等。

1. 静态网页采集

下面以网易新闻网站的一个新闻页面为例进行说明。这里使用 Python 语言编写，采用 requests 网络请求库和 lxml 解析库。lxml 会将网页资源解析为 XML 对象，lxml 采用 XPath 语法解析，XPath 是一门在 XML 文档中查找信息的语言。图 4.2 所示静态资源示例为网易新闻的目标新闻页面展示。

图 4.2　静态资源示例

XPath 的语法示例如下。

- ☑　Nodename：选取此节点的所有子节点。
- ☑　/：从根节点选取。
- ☑　//：从匹配选择的当前节点中选择文档中的节点，而不考虑它们的位置。

☑　.：选取当前节点。

☑　..：选取当前节点的父节点。

☑　@：选取属性。

例如，'//div[@class="content"]//text()'，即在网页中，@选取属性为 content 的 div 模块，//text()为选择该 div 模块下面的所有文本内容。

网易新闻文章的爬虫代码示例如下。

```
#coding=utf-8
import requests,json
from lxml import etree
class WangyiCollect():
    def __init__(self,url):
        self.url = url
        self.headers={"user-agent": "Mozilla/5.0 (Windows NT 10.0; Win64;
x64) AppleWebKit/537.36 (KHTML, like Gecko) Chrome/103.0.0.0 Safari/
537.36"}
    def responseHtml(self):
        #获取网页源码
        content = requests.get(url=self.url,headers=self.headers).text
        #初始化生成一个 XPath 解析对象
        html = etree.HTML(content)
        #提取文章页内容，采用 xpath 解析方式，解析文章标题和内容
        title = html.xpath('//h1/text()')[0]
        contentList = html.xpath('//div[@id="content"]//div[@class="post_
body"]//p//text()')
        content = ''.join(contentList)
        #存储文章内容，存储格式为 JSON
        articleJson = {}
        articleJson['title'] = title
        articleJson['content'] = content
        print(json.dumps(articleJson,ensure_ascii=False))
        #之前为字典，需要转成 JSON 的字符串
        strArticleJson = json.dumps(articleJson,ensure_ascii=False)
        self.writeFile(strArticleJson)
    #写入文本文件
    def writeFile(self,text):
        file = open('./wangyiArticle.txt','a',encoding='utf-8')
        file.write(text+'\n')
if __name__=="__main__":
    wangyiCollect = WangyiCollect('https://www.163.com/dy/article/
HDD9FLQH0514R9KQ.html')
    wangyiCollect.responseHtml()
```

通过观察可以发现，存储的数据为 JSON 格式字符串，存储网易文章的标题和文章

文字内容如下。

{"title": "北京市今年将评 20 个"最具人气的北京网红打卡地"", "content": ""2022 北京网红打卡地评选活动"今天正式启动。北京青年报记者从北京市文化和旅游局获悉，今年北京将评出 100 个全新的北京网红打卡地，并在以往评选的基础上，评出 20 个"最具人气的北京网红打卡地"。即日起至 8 月 28 日，市民可以通过"文旅北京"微信公众号等渠道，推荐自己心目中的网红打卡地，各类单位也可以自荐。活动预计 9 月上旬进入投票阶段，年底前正式发布新榜单。（北青报记者 赵婷婷）"}

2．动态网页采集

动态网页采集与静态网页采集最主要的区别是数据刷新时采用了 Ajax 技术，刷新时从数据库查询数据并渲染到前端页面，数据都存储在网络包中。

可以使用一种通过抓包请求网路接口的形式实现抓取，网易新闻列表页抓包如图 4.3 所示。

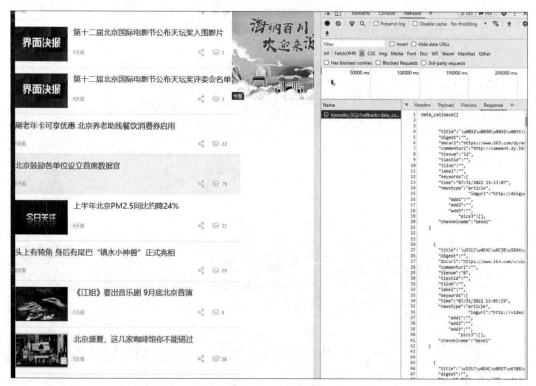

图 4.3　网易新闻列表页抓包

网站会有更新迭代情况的出现，一些网络接口的地址可能会有变化，2019 年与 2022 年网易新闻列表页的接口信息如表 4.1 所示。

表 4.1　2019 年与 2022 年网易新闻列表页的接口信息

年　份	网易新闻北京模块接口
2019	https://house.163.com/special/00078GU7/beijign_xw_news_v1_02.js?callback=data_callback
2022	https://bendi.news.163.com/beijing/special/04388GGG/bjxinxiliu_02.js?callback=data_callback

网易新闻列表页的爬虫代码示例如下。

```
#coding=utf-8
import requests,json
#content= requests.get('https://house.163.com/special/00078GU7/beijign_
xw_news_v1_02.js?callback=data_callback',headers={"user-agent": "Mozilla/
5.0 (Windows NT 10.0; Win64; x64) AppleWebKit/537.36 (KHTML, like Gecko)
Chrome/103.0.0.0 Safari/537.36"}).text
content= requests.get('https://bendi.news.163.com/beijing/special/
04388GGG/bjxinxiliu_02.js?callback=data_callback',headers={"user-agent":
"Mozilla/5.0 (Windows NT 10.0; Win64; x64) AppleWebKit/537.36 (KHTML, like
Gecko) Chrome/103.0.0.0 Safari/537.36"}).text
#print(content)
#取出来的为 JSON 字符串
jsonArticle = content.split('data_callback(')[1].rstrip(')').replace
(":`",':"').replace("`,",'",')
print((jsonArticle))
#将 JSON 字符串转为字典格式
dictArticleList = json.loads(jsonArticle)
for dictArticle in dictArticleList:
    #取出 title
    title = dictArticle['title']
    print(title)
```

也可以通过模拟浏览器的方式实现动态加载数据，进而实现采集动态网页的数据。无头浏览器可以实现网页渲染功能，常见的无头浏览器有 Selenium、Pyppeteer、Playwright 等。

以 Selenium 为例，Selenium 为浏览器测试框架，可以调用 webdriver 模拟浏览器操作。将 Chrome_options.add_argument('--headless')设为无头模式，可以不弹出浏览器窗口。

下面获取网易电影列表（http://public.163.com/#/list/movie），Selenium 爬虫代码示例如下。

注意

Selenium 版本与代码兼容的问题，这里采用的是 4.1.3 版本。

```
#coding=utf-8
from selenium import webdriver
```

```
Chrome_options = webdriver.ChromeOptions()
#设置 Chrome 浏览器为无头模式
Chrome_options.add_argument('--headless')
#初始化 webdriver
drive = webdriver.Chrome(chrome_options=Chrome_options)
#打开目标网页
drive.get('http://public.163.com/#/list/movie')
#获取网页内容
html = drive.page_source
print(html)
#关闭 webdriver
drive.quit()
```

通过以上代码，我们可以使用 Selenium 模拟浏览器操作，获取网易电影列表页面的源代码，drive.get(url)中的参数 url 为网页的 URL。可以使用解析库（如 BeautifulSoup）对页面内容进行解析，提取出所需的电影信息或其他数据。这种方式可以方便地实现对需要 JavaScript 渲染的网页进行爬取，同时可以模拟用户在浏览器中的操作，如点击、滚动等，以获取更多数据。无头模式的设置可以避免浏览器窗口的弹出，使爬取过程更加隐秘和高效。

4.1.3 App 爬虫采集

随着移动互联网的蓬勃发展，越来越多的企业和应用程序开始限制其商业数据访问权限的开放，不再对搜索引擎开放其访问权限。这种趋势在一些常见的 App 中尤为明显，如小红书、抖音、大众点评等。用户想要查看这些 App 中的更多数据，通常需要下载并登录这些应用程序。通过登录，用户可以获得更多功能和内容的访问权限。这种策略可以帮助应用程序保护其商业数据、用户隐私以及提供更加个性化的用户体验。对于开发者和研究人员来说，要获取这些 App 中的数据就需要使用相应的 API 或爬取工具来模拟用户登录并获取数据。需要注意的是，未经授权的数据爬取可能违反应用程序的使用条款和隐私政策，因此在进行数据爬取时应遵守相关法律法规和道德准则。

在进行 App 爬虫时，配置好抓包工具是非常重要的步骤之一。抓包工具可以帮助我们捕获和分析 App 与服务器之间的网络通信数据，从而获取所需的数据或了解 App 的工作原理。常用的抓包工具有 Charles 和 Fiddler。

1．分析网络请求

进行网络爬虫开发前，需要对采集的目标进行分析，相较于网页爬虫，App 爬虫需要对 App 进行分析。首先对 App 的网络请求进行分析，部分简单的 App 的爬虫往往不需要逆向分析 App 代码，通过网络请求分析就可以应对。

　　下面将采集 MuMu 模拟器应用中心的"新游预约"的数据，采用 Charles 进行抓包。首先需要给对应的客户端安装证书，然后配置 Charles 监控的代理端口，开启监听。打开 MuMu 模拟器，在模拟器上配置 Wi-Fi，手动开启代理，配置对应的 IP 和端口与 Charles 对应的监听端口保持一致。打开 MuMu 模拟器，打开对应的应用商店，单击"预约"按钮，开始抓包。MuMu 模拟器应用中心的"新游预约"如图 4.4 所示，Charles 抓包示例如图 4.5 所示。

图 4.4　MuMu 模拟器应用中心的"新游预约"

需要抓包的接口地址如下。

```
https://mumu-store-api.webapp.163.com/api/game/load_more_reservation_a
pps/?last_id=-1&limit=10
```

　　抓包工具通常提供了导出请求为 curl 命令的功能，可以将捕获到的网络请求转换为 curl 请求，方便进行复制和使用。复制 curl 请求，代码如下。

```
curl -H 'Host: mumu-store-api.webapp.163.com' -H 'cv: 112' -H 'uuid:
bd0b863f-bc4e-4472-9e70-882b90fed4e7' -H 'version: 2.5.2' -H 'engine:
NEMU' -H 'package: mumu' -H 'channel: nochannel' -H 'fchannel: ' -H
'architecture: x86' -H 'usage: 0' -H 'language: zh_CN' -H 'country: ' -H
```

```
'arch-bits: 2' -H 'user-agent: okhttp/3.10.0' --compressed 'https://mumu-
store-api.webapp.163.com/api/game/load_more_reservation_apps/?last_id=
-1&limit=10'
```

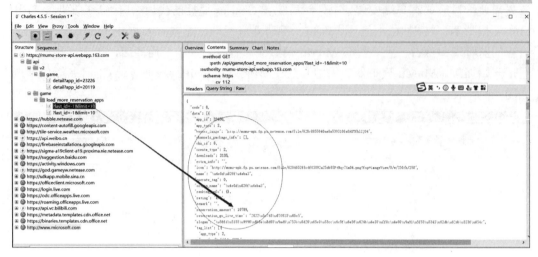

图 4.5　Charles 抓包示例

　　打开抓包的接口，接口是 JSON 格式的，数据存储在 data 字段中，该字段内容是一
个数组，第一条数据如下，对应的是图 4.4 所示的"不良人 3"游戏。

```
{
    "app_id":20450,
    "app_type":2,
    "banner_image":"http://mumu-apk.fp.ps.netease.com/file/
628c8855040ae8a539310fa0AUTfhlZJ04",
    "channels_package_info":[

    ],
    "chn_id":0,
    "create_type":2,
    "downloads":2135,
    "extra_info":"",
    "icon":"http://mumu-apk.fp.ps.netease.com/file/
6284652f8cdf03892a25db85FtNqy7Xm04.png?fop=imageView/0/w/250/h/250",
    "name":"\u4e0d\u826f\u4eba3",
    "operate_tag":0,
    "origin_name":"\u4e0d\u826f\u4eba3",
    "ranking_info":{

    },
```

```
    "rating":"4.2",
    "remark":"",
    "reservation_amount":10789,
    "reservation_go_live_time":"2022\u5e748\u670818\u65e5",
    "slogan":"\u56fd\u5185\u9996\u6b3e\u8d85\u9ad8\u753b\u8d28\u65e0\
u53cc\u6c5f\u6e56\u624b\u6e38\uff0c\u4e00\u9a91\u5f53\u5343\u62db\u62db\
u5236\u654c",
    "tag_list":[
        {
            "app_type":2,
            "name":"\u56fd\u6f2b",
            "tag_id":122,
            "tag_type":2
        },
        {
            "app_type":2,
            "name":"3D",
            "tag_id":89,
            "tag_type":2
        },
        {
            "app_type":2,
            "name":"\u89d2\u8272\u626e\u6f14",
            "tag_id":71,
            "tag_type":1
        },
        {
            "app_type":2,
            "name":"\u52a8\u4f5c",
            "tag_id":356,
            "tag_type":1
        }
    ],
    "tags":[
        "\u56fd\u6f2b",
        "3D",
        "\u89d2\u8272\u626e\u6f14",
        "\u52a8\u4f5c"
    ],
    "updated_at":"2022-08-06",
    "user_make_reservation":0,
    "wanka_type":0
}
```

可以看到取出 reservation_amount 字段的值为 10789，与图 4.4 所示的"不良人 3"的预约数一致，取出 banner_image 字段的图片 URL 地址，打开效果如图 4.6 所示。

图 4.6　游戏"不良人 3"的 banner_image 字段

通过比较发现，预约数和游戏图片相对应，可以确定是该接口。

注意

随着产品的迭代，接口地址和接口地址的数据也可能会有变化。

2. 开发爬虫代码

抓取网易 MuMu 安卓模拟器应用中心"新游预约"的代码如下。

```
#coding=utf-8
import requests,json
#请求获取预约游戏接口
content = requests.get('https://mumu-store-api.webapp.163.com/api/game/
load_more_reservation_apps/?last_id=-1&limit=10',headers={"user-agent":
"okhttp/3.10.0"},verify=False).text
#将 JSON 字符串转为字典格式
dictGameList = json.loads(content)['data']
for dictGame in dictGameList:
    #取出游戏预约数
    reservation_amount = dictGame['reservation_amount']
    print(reservation_amount)
```

4.1.4　反爬虫

随着网络爬虫技术的发展，反爬虫技术也在不断发展，爬虫与反爬虫技术的策略不断升级。目前反爬虫技术主要使用以下几个策略。

1．网络请求频率限制，封锁网络请求 IP 地址

部分网站或者 App 会对爬虫的访问频率进行限制，爬虫在一定时间内网络访问频率过快就会被服务器方禁止 IP 访问。

解决方法：可以使用 time.sleep()方法设置随机等待时间，模拟用户访问频率。这种方式的优点是简单有效；缺点是拉长爬虫采集周期，降低爬虫采集数据的效率。可以使用 IP 代理，用于改变请求 IP 地址，挂载 IP 代理可以将请求 IP 在各个地域的 IP 之间切换。一些网站提供了 IP 代理服务，更换 IP 访问可以提高采集效率，有效解决封禁 IP 的情况，不过需要一定的费用成本。

2．网络请求头限制

部分网站会校验网络请求头（headers）是否带有 User-Agent 等信息，这些信息是客户端网络请求的身份标识。

解决方法：可以建立常规的 headers 池子，网络请求时随机携带请求头，访问不同的服务器端携带对应的请求头，访问网页端和 App 端需要设置对应的请求头。

3．cookie 验证限制

少数网站会校验 cookie 的有效性，部分网站会通过校验请求头中的 cookie 值来区分正常用户与爬虫，服务器方对访问网站的客户端生成一个 cookie，一定时间内需要带同样的 cookie 进行访问请求，cookie 访问过快也会导致封禁 IP。部分网站需要用户登录后生成 cookie 访问，这种 cookie 在一定时间内与用户信息绑定。还有一种情况会验证 cookie 的格式，如 cookie 由 js 生成，服务器端验证 cookie 是否符合规则。

解决方法：主动降低采集频率，利用多账号模拟登录生成 cookie 池子调用，破解 cookie 生成逻辑，如逆向 js 生成 cookie 代码。

4．验证码验证

大多数商业网站会在登录和注册时出现验证码验证，以限制恶意注册等行为；访问频率过高时也会出现验证码以验证是否为人机交互，从而限制一些机器的行为，实现反爬虫。验证码通常有图形验证码、行为验证码、短信验证码这 3 种。

（1）图形验证码可以利用 OCR 识别，如使用 Python 调用 pytesseract（谷歌开源的 OCR）识别，或者调用三方 OCR 接口识别，如调用百度的 OCR 接口；也可以使用深度学习训练，利用 CNN 等深度学习模型来训练分类算法；或利用第三方打码平台，将验证码发送给打码平台识别。

（2）行为验证码需要用户实现交互验证成功才能解除验证码，用户交互后会生成指定的行为轨迹，通常不需要键盘输入，快速校验识别人机。常见的行为验证码有滑块验证码和点击验证码两种。① 滑块验证码类似于手机滑动接听电话，即移动滑块到指定位置通过校验。常见的解决思路是启动浏览器，切割出滑块验证码的图片并保存，计算缺口位置和滑块的偏移量，根据偏移量生成偏移路径，调用 Selenium 等工具按照偏移路径移动滑块验证。② 点击验证码是指根据文字提示点击图片中相应的内容来完成校验。常见的解决思路是调用第三方工具来识别或者使用深度学习训练的方式来识别。

（3）短信验证码通过向用户移动设备发送短信并验证短信内容，通常是服务器方将验证码内容和手机号发给短信的发送商，并让发送商将其转发给用户，用户再提交验证码给服务器方实现验证。这种验证码通常出现在注册登录账号和解封账号中。常见的解决思路是不使用自己的手机号收发验证码，购买一些平台维护的手机短信收发服务来实现短信收发验证。

5. 字体反爬

这种反爬措施通常出现在网页端，是网页和前端字体文件配合完成的策略。字体反爬的原理主要是通过自定义的字体来替换页面中的某些数据，通常用来保护销售额、热度值、商品价格等商业数据。字体文件类型一般是 ttf、woff 等，其中 woff 类型出现频率较高。

以猫眼票房为例，图 4.7、图 4.8 中票房为乱码显示。

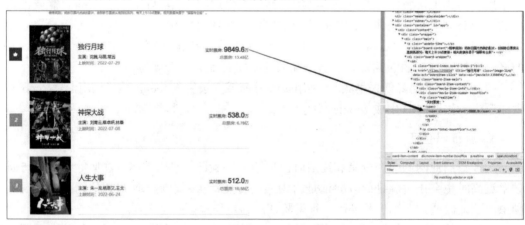

图 4.7　猫眼票房

用 FontCreater 打开 woff 文件，将 woff 文件转换为 XML 文件，解析 XML 对应规则，替换网页源码中的乱码得到票房数据，woff 文件如图 4.9 所示。

```
<div class="content">
    <div class="wrapper">
        <div class="main">
            <p class="update-time">2022-08-07<span class="has-fresh-text">已更新</span></p>
            <p class="board-content">榜单规则: 将昨日国内热映的影片, 按照昨日票房从高到低排列, 每天上午10点更新。相关数据来源于"猫眼专业版"。</p>
            <dl class="board-wrapper">
                <dd>
                    <i class="board-index board-index-1">1</i>
<a href="/films/1359034" title="独行月球" class="image-link" data-act="boarditem-click" data-val="{movieId:1359034}">
    <img src="//s3plus.meituan.net/v1/mss_e2821d7f0cfe4a1bf9202ecf9590e67/cdn-prod/file:5788b470/image/loading_2.e3d934bf.png" alt="" class="poster-default" />
    <img data-src="https://p0.pipi.cn/mmdb/25bfd6d72c992367cb537c020675f703a7045.jpg?imageView2/1/w/160/h/220" alt="独行月球" class="board-img" />
</a>
<div class="board-item-main">
    <div class="board-item-content">
        <div class="movie-item-info">
            <p class="name"><a href="/films/1359034" title="独行月球" data-act="boarditem-click" data-val="{movieId:1359034}">独行月球</a></p>
<p class="star">主演: 沈腾,马丽,常远</p><p class="releasetime">上映时间: 2022-07-29</p>    </div>
            <div class="movie-item-number boxoffice">
                <p class="realtime">实时票房:        <span><span class="stonefont">&#xe58c;.&#xeb98;&#xf343;</span></span>亿
</p>
                <p class="total-boxoffice">总票房:        <span><span class="stonefont">&#xe58c;&#xe411;.&#xe7c3;&#xe0bc;</span></span>亿
</p>
        </div>

    </div>
</div>
</div>
```

图 4.8　猫眼国内票房榜单源码

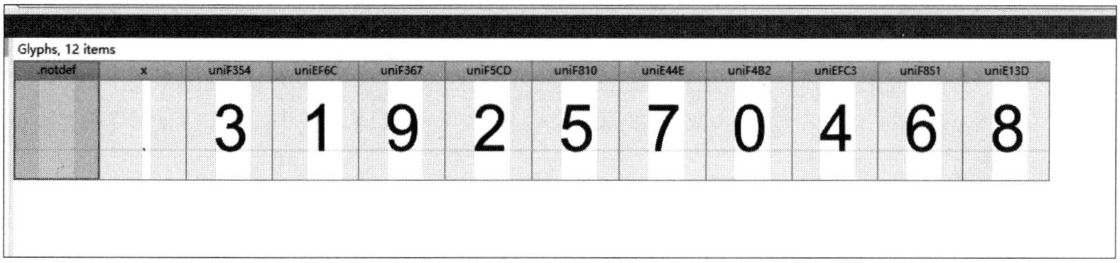

图 4.9　woff 文件

6. js 逆向

用 Selenium 等无头浏览器可以解决大部分 js 逆向的问题,但是浏览器渲染会占用内存且效率低,挖掘 js 构架逻辑逆向解决会有效提升采集效率。js 逆向通常会遇到接口加密、js 代码混淆、js 代码加密、js 压缩等问题。

(1) 接口加密是指用一些加密和解码算法如 MD5、AES、DES、RSA、Base64 等加密,对于这种加密,可以对 js 源码逻辑进行复现来实现解密,但通常会对 js 代码压缩、混淆、加密。

(2) js 代码混淆常见的有如下几种。

① 变量混淆,是指将具有意义的变量名、方法名、常量名转换为无意义的乱码字符,降低代码的可读性。

② 属性加密,是指针对 js 对象的属性进行加密转换,隐藏调用关系。控制流平坦化,打乱函数原有代码的执行流程和函数调用关系,使其代码混乱无序。调试保护,加入一些强制调试的 debugger 语句,使用户难以调试。

③ 无用代码,是指随机在代码中添加无用的代码和函数,进一步使代码混乱。多态

变异，是指 js 代码每次调用时会变化为与之前不同的代码，功能不变，代码形式改变，防止被动态分析调试。

（3）js 代码加密，不同于 js 代码混淆，js 代码加密将一些核心逻辑用 C++等语言编写替换，通过 js 调用执行实现逻辑防护。

（4）js 压缩，指前端利用一些库对源代码进行编译和压缩，源码中的内容会被简化，也会用到一些简单的 js 混淆，降低代码可读性。前端通常采用 webpack 库进行压缩。

js 逆向的核心在于找到对应的 js 逻辑并还原。

解决思路：在代码中可以通过全局搜索标志字符串查找对应函数。设置断点调试，慢慢查看逻辑。在 hook 查找函数入口，编写钩子函数在系统没有调用该函数之前先行捕获该消息，钩子函数先行获取函数控制权，可以改变函数的执行行为，控制函数的入参和出参来进行调试。

7．App 逆向

对于一些特定的 App，常规的抓包工具可能无法直接获取所有的数据，这时候可以考虑进行 App 逆向。App 逆向主要指的是对 App 进行反编译和分析，以获取更深层次的数据和逻辑。

目前主流的 App 逆向技术主要集中在安卓逆向方面。做安卓逆向时需要相关人员对安卓系统的工作原理和相关技术有一定的了解，并熟悉 Java 语言开发。下面是一些常见的安卓逆向技术和方法。

（1）反编译：使用工具（如 apktool、dex2jar、JD-GUI 等）对 apk 文件进行反编译，将其转换为可读的 Java 源代码。

（2）分析源代码：通过分析反编译后的源代码，了解 App 的逻辑结构、数据处理方式等。

（3）动态调试：使用工具（如 Frida、Xposed 等）进行动态调试，可以在运行时拦截和修改 App 的行为，获取运行时的数据和状态。

（4）Hook 技术：通过在 App 中插入 Hook 代码，拦截和修改关键函数的调用，以获取数据或改变 App 的行为。

（5）内存分析：通过工具（如 IDA Pro、Hopper 等）对 App 的内存进行分析，可以获取敏感数据、关键算法等信息。

（6）数据包分析：对 App 的网络通信进行抓包分析，获取数据包中的数据和接口信息。

Java 代码层安卓逆向的流程如下。

（1）apktool 解密 apk 文件得到资源，从 apk 文件中提取 dex 文件，使用 dex2jar 转换为 jar 文件，用 Java 逆向工具得到 Java 源码。文件转换流程为 dex→jar→java。

（2）静态分析源码，根据特征或者调试手段定位到关键代码，分析变量含义、函数逻辑、模块流程。进一步利用 Hook 技术定位目标函数，控制函数的执行行为，获取函数的入参和出参。

App 逆向是一种深入了解 App 内部工作机制和获取更全面数据的技术手段。在进行逆向操作时，注意遵守相关法律法规，尊重开发者的努力和知识产权。

4.1.5　Scrapy 框架

1. Scrapy 概述

Scrapy 是目前较流行的爬虫框架之一，是一个使用 Python 开发的快速、高层次、轻量级的 Python 爬虫框架。官方地址为 https://scrapy.org。Scrapy 的主要模块有 Scrapy Engine、Scheduler、Downloader、Spiders、Item Pipeline、Downloader middlewares、Spider middlewares。

☑　Scrapy Engine（引擎）：负责 Spider、Item Pipeline、Downloader、Scheduler 模块间的通信，信号、数据传递等，维护框架各个部分正常运作。

☑　Scheduler（调度器）：调度程序接收来自引擎的请求并将它们排入队列，待引擎需要时提供给引擎。

☑　Downloader（下载器）：负责下载请求并将获取的 Responses 提供给引擎，由引擎交给 Spider 处理。

☑　Spiders（爬虫）：负责处理所有 Responses，获取 item 字段需要的数据，将 URL 提交给引擎，再次进入调度器。

☑　Item Pipeline（管道）：负责处理项目，进行后期处理（详细分析、过滤、存储）的模块。

☑　Downloader middlewares（下载中间件）：自定义扩展下载功能的组件。当请求从引擎传递到下载器时处理请求，以及处理从下载器传递到引擎的响应。

☑　Spider middlewares（Spider 中间件）：自定义扩展了操作引擎和 Spider 中间通信的功能组件（处理进入 Spider 的 Responses 与从 Spider 出去的 Requests）。

Scrapy 中的数据流由执行引擎控制，Scrapy 数据流如图 4.10 所示（图 4.10 来源于 Scrapy 官方网站 https://docs.scrapy.org/）。

Scrapy 数据流的流程如下。

（1）引擎从爬虫获取初始请求。

（2）引擎在调度器中调度请求并要求抓取下一个请求。

（3）调度程序将下一个请求返回给引擎。

（4）引擎通过下载器中间件将请求发送到下载器。

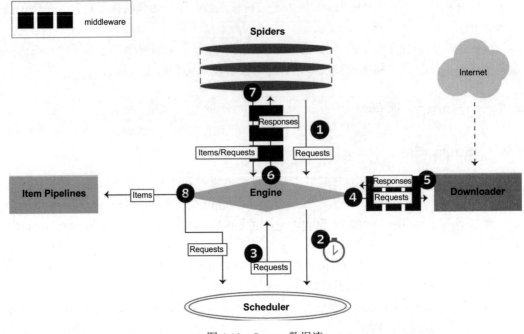

图 4.10　Scrapy 数据流

（5）页面完成下载后，下载器会生成一个响应（与该页面一起），通过下载中间件将其发送到引擎。

（6）引擎接收来自下载器的响应，通过 Spider 中间件将其发送到爬虫进行处理。

（7）爬虫处理响应并将抓取的项目和新的请求，通过 Spider 中间件返回到引擎。

（8）引擎将处理后的响应发送到管道，然后将处理后的请求发送到调度程序，并请求可能的下一个页面。

（9）该过程重复〔从第（3）步开始〕，直到不再有来自调度器的请求。

2．Scrapy 爬虫实例

以网易新闻为例，使用 Scrapy 构建爬虫。步骤如下。

1）安装 Scrapy，新建项目

```
pip install scrapy
scrapy startproject WangyiNews
```

生成爬虫文件 NewsSpider.py，生成爬虫命令如下。

```
scrapy genspider NewsSpider https://bj.news.163.com
```

Scrapy 的项目结构如图 4.11 所示。

图 4.11　Scrapy 项目结构

2）明确目标，修改 items.py

确定采集文章标题和内容，修改后的 items.py 代码如下。

```
#Define here the models for your scraped items
#
#See documentation in:
#https://docs.scrapy.org/en/latest/topics/items.html

import scrapy


class WangyinewsItem(scrapy.Item):
    #在此定义您的项目字段，例如：
    #文章标题
    title = scrapy.Field()
    #文章内容
    content = scrapy.Field()
```

3）制作爬虫，修改爬虫文件

修改 NewsSpider.py 文件，将前文网页爬虫采集中的网易新闻列表采集和网易文章采集整合起来，下面是修改后的示例代码。

```
import scrapy
import json
from WangyiNews.items import WangyinewsItem
class NewsSpider(scrapy.Spider):
    name = 'NewsSpider'
    allowed_domains = ['bj.news.163.com']
    start_urls = ['https://bendi.news.163.com/beijing/special/04388GGG/
bjxinxiliu_02.js?callback=data_callback']

    def parse(self, response):
        jsonArticle = bytes.decode(response.body).split('data_callback(')
```

```
[1].rstrip(')`)').replace(":`",':"').replace("`",'",')
    #将 JSON 字符串转为字典格式
    dictArticleList = json.loads(jsonArticle)
    for dictArticle in dictArticleList:
        #文章 URL
        article_url = dictArticle['docurl']
        yield scrapy.Request(article_url,callback=self.parse_article,
dont_filter=True)

def parse_article(self,response):
    #文章标题
    title = ''.join(response.xpath('//h1/text()').extract()).strip()
    #文章内容
    content = ''.join(response.xpath('//div[@id="content"]//div
[@class="post_body"]//p//text()').extract()).strip()
    #print(response.url,title,content)
    article_item = WangyinewsItem()
    article_item['title'] = title
    article_item['content'] = content
    yield article_item
```

4）修改 setting.py，修改 pipelines.py 管道文件，存储采集的网易文章数据
打开 ITEM_PIPELINES。

```
ITEM_PIPELINES = {
    'WangyiNews.pipelines.WangyinewsPipeline': 300,
}
```

修改 DEFAULT_REQUEST_HEADERS。

```
DEFAULT_REQUEST_HEADERS = {
  'Accept': 'text/html,application/xhtml+xml,application/xml;q=0.9,*/*;
q=0.8',
  'Accept-Language': 'en',
  "user-agent": "Mozilla/5.0 (Windows NT 10.0; Win64; x64) AppleWebKit/
537.36 (KHTML, like Gecko) Chrome/103.0.0.0 Safari/537.36"
}
```

Scrapy 保存信息的最简单的方法有如下几种，-o 输出指定格式的文件，命令如下。
（1）json 格式。

```
scrapy crawl NewsSpider -o news.json
```

（2）jsonlines 格式，默认为 Unicode 编码。

```
scrapy crawl NewsSpider -o news.jsonlines
```

（3）csv 逗号表达式。

```
scrapy crawl NewsSpider -o news.csv
```

（4）xml 格式。

```
scrapy crawl NewsSpider -o news.xml
```

（5）txt 格式。

通过 pipelines.py 修改存储文件，也可以修改配置存储到数据库中。Pipelines 充当了存储的模块，将新闻数据存储为文件，代码如下。

```
#在这里定义项目管道
#
#不要忘记将管道添加到 ITEM_PIPELINES 设置中
#请参阅：https://docs.scrapy.org/en/latest/topics/item-pipeline.html


#useful for handling different item types with a single interface
from itemadapter import ItemAdapter
import json

class WangyinewsPipeline:
    def __init__(self):
        self.filename = 'news.txt'
        self.file = open(self.filename, "a", encoding='utf-8')
    def process_item(self, item, spider):
        text = json.dumps(dict(item), ensure_ascii=False) + "\n"
        self.file.write(text)
        return item
    def close_spider(self, spider):
        self.file.close()
```

接下来启动 Scrapy 采集。在 setting.py 同级目录下输入命令 scrapy crawl NewsSpider 即可。注意：Windows 系统在 cmd 命令行中启动，启动 Scrapy 爬虫如图 4.12 所示。

图 4.12　启动 Scrapy 爬虫

生成存储文件 news.txt，文章中的一条记录如下。

```
{"title": "冰立方冰上运动中心试营业", "content": "昨天，滑冰爱好者在冰立方冰上运
动中心一试身手。本报记者 武亦彬摄本报讯（记者 孙杰）炎炎夏日里，市民又添一处上冰畅滑
```

的好去处。昨天，位于国家游泳中心（水立方/冰立方）南广场地下的冰上运动中心开始试营业，迎来首批尝鲜的滑冰体验者。8 月 8 日，场馆将正式开业。冰立方是北京冬奥会冰壶比赛举办地，被世界壶联主席凯特女士称为"冰壶比赛最好的场地之一"。作为冬奥会的重要遗产，冰立方冰上运动中心现有两块冰场，分别是 1830 平方米的标准冰场和 900 平方米的专业冰壶场。按照规划，以后这里将成为集冰上精品赛事举办、大众冰上健身、专业冰上培训、体育旅游地标、冰上演出平台、冰壶运动推广、冬奥文化基地七大功能于一体的综合冰上项目平台。冰立方冰上运动中心位于水立方南广场地下 11 米，入口在南广场地面的伞形结构处。冰上运动中心整体建筑面积约8000 平方米，由一块 1830 平方米的标准冰场及一块含四条 45 米×5 米的标准冰壶场地及周边配套服务设施组成。现在，1830 平方米的标准冰场已开放预约，市民可通过"水立方"微信公众号购票。滑冰门票平日 70 元/人，节假日 90 元/人，门票含 120 分钟体验时间（以出入闸机时间计算体验时间）及冰鞋、护具、临时储物柜的使用。滑冰助手需另付费 50 元/小时。未满 14 岁的儿童入场，可凭滑冰门票兑换一张免费陪同票。8 月 1 日起，冰上运动中心营业时间 10 时至 21时，最晚入场时间 19 时，清场时间 21 时。"}

上述 json、jsonlines、csv、xml、txt 这 5 种保存文件方式的生成结果如图 4.13 所示。

news.csv	2022/8/9 22:34	Microsoft Excel ...	192 KB
news.json	2022/8/9 22:36	JSON 文件	382 KB
news.jsonlines	2022/8/9 22:34	JSONLINES 文件	382 KB
news.txt	2022/8/9 22:37	文本文档	949 KB
news.xml	2022/8/9 22:37	XML 文件	195 KB

图 4.13　5 种保存文件方式的生成结果

5）增加爬虫启动代码

在 setting.py 配置文件同级目录下增加启动文件 main.py，简化爬虫启动，代码如下。

```python
import time

from scrapy.cmdline import execute

import sys
import os

sys.path.append(os.path.dirname(os.path.abspath(__file__)))    #最外层的
括号内即把该文件路径变为绝对路径
os.system("scrapy crawl NewsSpider")
```

4.2　数　据　处　理

知识图谱的原始数据一般分为 3 种：结构化数据、半结构化数据、非结构化数据。

构建知识图谱之前，需要对各种数据来源的数据进行统一处理，对数据进行归纳处理可以有效地提高下一步知识抽取的效率。

4.2.1　结构化数据

结构化数据通常存储在关系型数据库中，严格遵循数据格式和长度规范，可以通过 SQL 查询等方式与数据交互，便于管理数据。

常用的关系型数据库有 MySQL、Oracle 等。MySQL 免费开源在个人项目应用中更加常见。下面是使用 Python 调用 MySQL 的例子，代码如下。

```python
import pymysql
database = pymysql.connect("mysql 服务器地址", "用户名", "密码", "数据库名",
charset='utf8')
#初始化指针
cursor = database.cursor()
#插入语句，sql 变量可以自定义增、删、改、查语句
sql = "INSERT INTO 表名(字段 1,字段 2,字段 3)VALUES(内容 1,内容 2,内容 3);"
cursor.execute(sql)
#对存储的数据修改后，一定要 commit
database.commit()
#关闭数据库
database.close()
```

4.2.2　半结构化数据

相较于纯文本类型的数据，半结构化数据具备一定的结构性，例如常用的 JSON 格式的数据、XML 格式的数据等。对于非结构化的数据处理一般比较简单，Python 是在数据领域中应用非常广泛的开发语言，它提供了众多的包可以调用。下面给定一段 JSON 格式的字符串，以前面网易爬虫采集的文章数据为例。

该文章数据如下。

{"title": "北京市今年将评 20 个"最具人气的北京网红打卡地"", "content": ""2022 北京网红打卡地评选活动"今天正式启动。北京青年报记者从北京市文化和旅游局获悉，今年北京将评出 100 个全新的北京网红打卡地，并在以往评选的基础上，评出 20 个"最具人气的北京网红打卡地"。即日起至 8 月 28 日，市民可以通过"文旅北京"微信公众号等渠道，推荐自己心目中的网红打卡地，各类单位也可以自荐。活动预计 9 月上旬进入投票阶段，年底前正式发布新榜单。（北青报记者　赵婷婷）"}

当使用 Python 处理 JSON 数据时，可以使用内置的 json 库进行操作。下面是 Python

使用 JSON 的例子，代码如下。

```
#coding=utf-8
import json
#给定一段 JSON 格式的字符串
article_str = '{"title": "北京市今年将评 20 个"最具人气的北京网红打卡地"",
"content": ""2022 北京网红打卡地评选活动"今天正式启动。北京青年报记者从北京市文化
和旅游局获悉，今年北京将评出 100 个全新的北京网红打卡地，并在以往评选的基础上，评出 20
个"最具人气的北京网红打卡地"。即日起至 8 月 28 日，市民可以通过"文旅北京"微信公众号等
渠道，推荐自己心目中的网红打卡地，各类单位也可以自荐。活动预计 9 月上旬进入投票阶段，
年底前正式发布新榜单。（北青报记者 赵婷婷）"}'
#json.loads 用于解码 json 字符串数据，该函数返回 Python 字段的数据类型
article = json.loads(article_str)
#取出并打印文章标题
print(article['title'])
#取出并打印文章内容
print(article['content'])
```

通过 json.dumps()和 json.loads()方法，可以在 Python 中轻松地实现 JSON 数据的序列
化和反序列化，这样就可以方便地在 JSON 数据与 Python 对象之间进行转换和交互。

4.2.3 非结构化数据

非结构化数据通常数据结构不规则，如文本、图片、音频、视频等，这类数据通常
格式多样、标准多样。很多知识库系统中都存在着大量存储着知识的文档，例如 PDF、
PPT、Word 等格式的文档。

以 PDF 数据处理为例。Python 处理 PDF 文档的包主要有 pdfminer、pypdf2、pdfplumber
3 种，它们均可通过 pip install 命令安装。pdfplumber（https://github.com/jsvine/pdfplumber）
相较于其他两种，在图表提取方面更具备优势。下面以 Python 调用 pdfplumber 解析 PDF
文档为例，代码如下。

```
import pdfplumber
#打开目标文件 PDF
with pdfplumber.open("path/to/file.pdf") as pdf:
    first_page = pdf.pages[0]
    print(first_page.chars[0])
    for page in pdf.pages:
        #取出每页文本
        text = page.extract_text()
```

第二篇

代码实践篇

第 5 章
知识抽取

本章主要探讨知识抽取。知识抽取是指建立在信息抽取的基础上，利用自然语言处理技术、基于规则和机器学习等技术，通过识别、理解、筛选、格式化，把文本中的各个知识点抽取出来，以一定形式存入知识库中的过程。根据数据源的不同知识抽取采取不同的方式抽取信息，针对无结构化的数据抽取信息较为困难，非结构化文本的信息抽取一般有三个核心子功能，分别是实体抽取、关系抽取、事件抽取。

5.1 实体抽取

实体抽取是一种自然语言处理技术，旨在从文本中识别并提取出具有特定类别和意义的实体。该任务可以帮助分析文本中的关键信息，如人名、地名、组织机构等，并为后续的文本分析任务提供依据。实体抽取通常使用机器学习和自然语言处理算法来自动标注和提取文本中的实体。

实体抽取在自然语言处理应用中扮演着重要角色，如信息检索、智能问答、舆情分析、语义搜索、知识图谱构建等。由于自然语言表述的多样性和复杂性，实体抽取仍面临一些挑战，如歧义性、命名实体的变化形式多样等。

5.1.1 实体抽取模型

实体抽取又称命名实体识别（named entities recognition，NER），是信息抽取领域中一个重要的子任务，其目的是从一段非结构文本中寻找、识别和分类相关实体，如人名、地名、时间等。在数据量爆炸的互联网时代，如何精准高效地从海量、无结构或半结构数据中抽取关键信息是自然语言处理的重要基础。命名实体通常包含丰富的语义，与数据中的关键信息有着密切的关系，命名实体识别可以用于解决互联网信息过载的问题，并从中获取到关键信息。命名实体识别被广泛应用于知识图谱构建等领域中。

在实际的项目中，会根据不同的场景采用不同的方案。图 5.1 所示为美团搜索使用的命名实体识别的整体架构，可以看出美团搜索团队使用了规则和模型一起进行命名实体识别（图 5.1 来源于美团技术团队）。

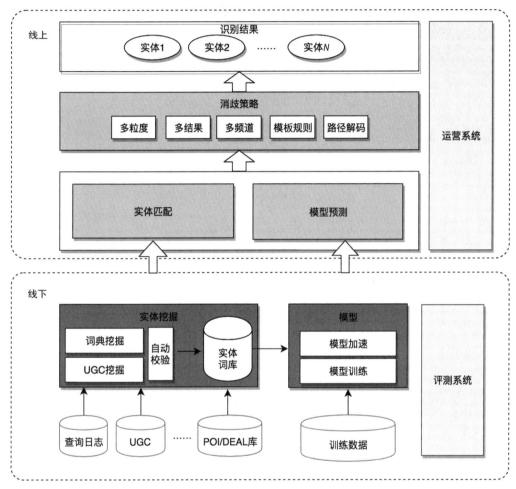

图 5.1 美团命名实体识别的整体架构

近年来，基于深度学习的 NER 占据了主导地位并取得了最新的成果，与基于特征的方法相比，深度学习有利于自动发现隐藏的特征。基于深度学习的 NER 模型很多，这里主要介绍 BI-LSTM-CRF 模型与 Bert+BILSTM+CRF 模型。

BI-LSTM-CRF[1]模型在百度 2015 年发表的论文 *Bidirectional LSTM-CRF Models for Sequence Tagging* 中被提出。这篇经典论文首次将 BI-LSTM-CRF 结构应用在了序列标注任务上，以 LSTM 为基础对比 LSTM、BI-LSTM、CRF、LSTM-CRF 和 BI-LSTM-CRF

一系列序列标注模型。

　　RNN（recurrent neural networks，循环神经网络）在很长一段时间内被广泛应用于 NLP 领域中，RNN 模型结构如图 5.2[1]所示，一个输入层 x，一个隐含层 h，一个输出层 y。在命名实体文本中，x 表示输入特征，y 表示标签，O 表示其他，MISC 表示混杂的，B-和 I-表示实体的开始和中间状态。输入层表示在 t 时刻的特征，输入层的维度与特征长度一致。输出层表示 t 时刻标签上的概率分布，它与标签保持相同的维度。隐含层和输出层的计算方式为

$$S_t = f(U_{x_t} + WS_{t-1})$$
$$O_t = g(VS_t)$$

　　其中，U、W 和 V 是在训练时计算的连接权重，$f(z)$ 和 $g(z)$ 是 sigmoid 和 softmax 激活函数，即

$$f(z) = \frac{1}{1 + e^{-z}}$$
$$g(z_m) = \frac{e^{z_m}}{\sum_k e^{z_k}}$$

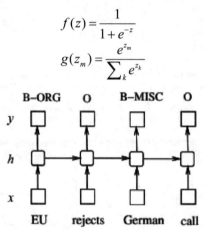

图 5.2　RNN 模型结构

　　该 LSTM 的公式描述如下。

$$i_t = \sigma(W_{xi}x_t + W_{hi}h_{t-1} + W_{ci}c_{t-1} + b_i)$$
$$f_t = \sigma(W_{xf}x_t + W_{hf}h_{t-1} + W_{cf}c_{t-1} + b_f)$$
$$c_t = f_tc_{t-1} + i_t \tanh(W_{xc}x_t + W_{hc}h_{t-1} + b_c)$$
$$o_t = \sigma(W_{xo}x_t + W_{ho}h_{t-1} + W_{co}c_t + b_o)$$
$$h_t = o_t \tanh(c_t)$$

　　其中 σ 是逻辑 sigmoid 函数，i、f、o 和 c 表示输入门、遗忘门、输出门和单元向量，它们的维度和隐含层向量 h 一样。图 5.3 为 LSTM 细胞结构[1]，图 5.4 为 LSTM network[1]。图 5.5 为 BI-LSTM network[1]，在特定的时间范围内，可以利用过去和未来的特征训练 LSTM 网络，需要在每一步展开隐含层，在数据点的开始和结束处必须进行特殊处理且在每一句话的开始将隐含层重置为 0。

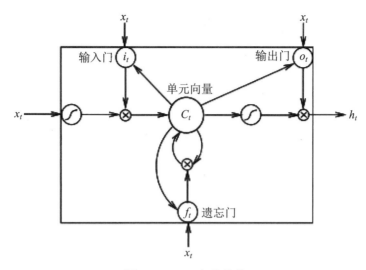

图 5.3　LSTM 细胞结构

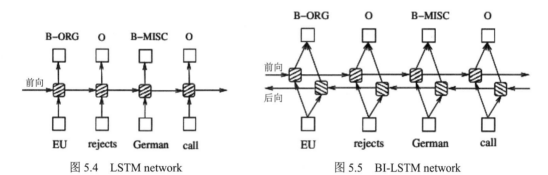

图 5.4　LSTM network

图 5.5　BI-LSTM network

CRF 条件随机场，是 NLP 领域使用广泛的序列标注模型。CRF 模型和 LSTM 模型的区别在于不含隐含层。CRF 是一个无向图，图 5.6 为 CRF network[1]。

结合 LSTM 与 CRF 形成 LSTM-CRF 模型，图 5.7 所示为 LSTM-CRF 模型[1]，引入了 CRF 层，CRF 层包含一个状态转换矩阵参数，通过 CRF 层，这个模型可以有效地利用过去和将来的标签来预测当前的标签。LSTM 网络输出的状态分数是 $f_\theta([x]_1^T)$，表示参数 θ 下句子 $[x]_1^T$ 中第 t 个词的第 i 个标签的得分。分数输入到 CRF 层中，CRF 层存储在转换分数矩阵 $[A]_{i,j}$ 中，转换矩阵与位置无关，表示从第 i 个状态到第 j 个状态的得分。模型的参数集合为

$$\tilde{\theta} = \theta \bigcup \left\{ [A]_{i,j} \, \forall i,j \right\}$$

句子 $[x]_1^T$ 的标签序列 $[i]_1^T$ 的分数由转移分数和网络分数的加总得到。推理标签的序列

和转换分数矩阵可以通过动态规划算法得到。计算公式为

$$s([x]_1^T,[i]_1^T,\tilde{\theta}) = \sum_{t=1}^{T} \left([A]_{[i]_{t-1},[i]_t} + [f_\theta]_{[i]_t,t} \right)$$

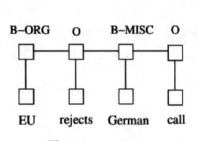

图 5.6　CRF network

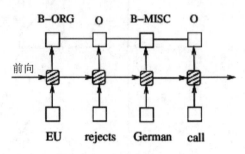

图 5.7　LSTM-CRF 模型

与 LSTM-CRF 的网络类似，BILSTM-CRF 网络将 LSTM 替换成 BI-LSTM，除了 LSTM-CRF 模型中使用的过去输入特征和句子级标签信息，BI-LSTM-CRF 模型还可以使用未来的输入特征，额外的功能可以提供标记的准确性。图 5.8 为 BI-LSTM-CRF 模型[1]。

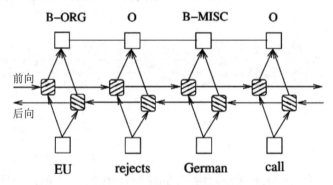

图 5.8　BI-LSTM-CRF 模型

BI-LSTM-CRF 模型在 NER 标注任务上的效果好于其他几种模型。

PyTorch 官方网站的 BI-LSTM-CRF 实例如下。

```
import torchimport torch.autograd as autogradimport torch.nn as nnimport
torch.optim as optim
torch.manual_seed(1)
#帮助函数使代码更具可读性
def argmax(vec):
    #将argmax作为python int返回
    _, idx = torch.max(vec, 1)
    return idx.item()
```

```
def prepare_sequence(seq, to_ix):
    idxs = [to_ix[w] for w in seq]
    return torch.tensor(idxs, dtype=torch.long)


#以正向算法的数值稳定方式计算log_sum_exp
def log_sum_exp(vec):
    max_score = vec[0, argmax(vec)]
    max_score_broadcast = max_score.view(1, -1).expand(1, vec.size()[1])
    return max_score + \
        torch.log(torch.sum(torch.exp(vec - max_score_broadcast)))
```

创建模型代码如下。

```
class BiLSTM_CRF(nn.Module):

    def __init__(self, vocab_size, tag_to_ix, embedding_dim, hidden_dim):
        super(BiLSTM_CRF, self).__init__()
        self.embedding_dim = embedding_dim
        self.hidden_dim = hidden_dim
        self.vocab_size = vocab_size
        self.tag_to_ix = tag_to_ix
        self.tagset_size = len(tag_to_ix)

        self.word_embeds = nn.Embedding(vocab_size, embedding_dim)
        self.lstm = nn.LSTM(embedding_dim, hidden_dim // 2,
                        num_layers=1, bidirectional=True)

        #将LSTM的输出映射到标记空间
        self.hidden2tag = nn.Linear(hidden_dim, self.tagset_size)

        #转换参数矩阵。输入i、j使得分从j转换到i
        self.transitions = nn.Parameter(
            torch.randn(self.tagset_size, self.tagset_size))

        #这两个语句强制执行我们从不转移到开始标记的约束
        #并且我们永远不会从停止标记转移
        self.transitions.data[tag_to_ix[START_TAG], :] = -10000
        self.transitions.data[:, tag_to_ix[STOP_TAG]] = -10000

        self.hidden = self.init_hidden()

    def init_hidden(self):
```

```
        return (torch.randn(2, 1, self.hidden_dim // 2),
                torch.randn(2, 1, self.hidden_dim // 2))

    def _forward_alg(self, feats):
        #使用前向算法来计算分区函数
        init_alphas = torch.full((1, self.tagset_size), -10000.)
        #START_TAG 包含所有得分
        init_alphas[0][self.tag_to_ix[START_TAG]] = 0.

        #包装一个变量，以便获得自动反向提升
        forward_var = init_alphas

        #通过句子迭代
        for feat in feats:
            alphas_t = []  # The forward tensors at this timestep
            for next_tag in range(self.tagset_size):
                #广播发射得分：无论以前的标记是怎样的，都是相同的
                emit_score = feat[next_tag].view(
                    1, -1).expand(1, self.tagset_size)
                #trans_score 的第 i 个条目是从 i 转换到 next_tag 的分数
                trans_score = self.transitions[next_tag].view(1, -1)
                #next_tag_var 的第 i 个条目是执行 log-sum-exp 之前的边（i ->
next_tag）的值
                next_tag_var = forward_var + trans_score + emit_score
                #此标记的转发变量是所有分数的 log-sum-exp
                alphas_t.append(log_sum_exp(next_tag_var).view(1))
            forward_var = torch.cat(alphas_t).view(1, -1)
        terminal_var = forward_var + self.transitions[self.tag_to_ix
[STOP_TAG]]
        alpha = log_sum_exp(terminal_var)
        return alpha

    def _get_lstm_features(self, sentence):
        self.hidden = self.init_hidden()
        embeds = self.word_embeds(sentence).view(len(sentence), 1, -1)
        lstm_out, self.hidden = self.lstm(embeds, self.hidden)
        lstm_out = lstm_out.view(len(sentence), self.hidden_dim)
        lstm_feats = self.hidden2tag(lstm_out)
        return lstm_feats

    def _score_sentence(self, feats, tags):
        #给出提供的标签序列的分数
        score = torch.zeros(1)
        tags = torch.cat([torch.tensor([self.tag_to_ix[START_TAG]], dtype=
```

```
torch.long), tags])
        for i, feat in enumerate(feats):
            score = score + \
                self.transitions[tags[i + 1], tags[i]] + feat[tags[i + 1]]
        score = score + self.transitions[self.tag_to_ix[STOP_TAG], tags[-1]]
        return score

    def _viterbi_decode(self, feats):
        backpointers = []

        #在对数空间初始化维特比变量
        init_vvars = torch.full((1, self.tagset_size), -10000.)
        init_vvars[0][self.tag_to_ix[START_TAG]] = 0

        #在步骤 i，forward_var 保存了步骤 i-1 的维特比变量
        forward_var = init_vvars
        for feat in feats:
            bptrs_t = []                    #保存了这一步的回溯指针
            viterbivars_t = []              #保存这一步的维特比变量

            for next_tag in range(self.tagset_size):
                #next_tag_var [i]保存上一步的标签 i 的维特比变量
                #加上从标签 i 转换到 next_tag 的分数
                #这里不包括 emission 分数，因为最大值不依赖于它们（将在下面添加）
                next_tag_var = forward_var + self.transitions[next_tag]
                best_tag_id = argmax(next_tag_var)
                bptrs_t.append(best_tag_id)
                viterbivars_t.append(next_tag_var[0][best_tag_id].view(1))
            #现在添加 emission 分数，并将 forward_var 分配给刚刚计算的维特比变量集
            forward_var = (torch.cat(viterbivars_t) + feat).view(1, -1)
            backpointers.append(bptrs_t)

        #过渡到 STOP_TAG
        terminal_var = forward_var + self.transitions[self.tag_to_ix
[STOP_TAG]]
        best_tag_id = argmax(terminal_var)
        path_score = terminal_var[0][best_tag_id]

        #按照后退指针解码最佳路径
        best_path = [best_tag_id]
        for bptrs_t in reversed(backpointers):
            best_tag_id = bptrs_t[best_tag_id]
            best_path.append(best_tag_id)
        #弹出开始记号（我们不想将其返回给调用者）
```

```
        start = best_path.pop()
        assert start == self.tag_to_ix[START_TAG]  # Sanity check
        best_path.reverse()
        return path_score, best_path

    def neg_log_likelihood(self, sentence, tags):
        feats = self._get_lstm_features(sentence)
        forward_score = self._forward_alg(feats)
        gold_score = self._score_sentence(feats, tags)
        return forward_score - gold_score

    def forward(self, sentence):  #dont confuse this with _forward_alg
above.
        #获取 BiLSTM 的 emission 分数
        lstm_feats = self._get_lstm_features(sentence)

        #根据功能，找到最佳路径
        score, tag_seq = self._viterbi_decode(lstm_feats)
        return score, tag_seq
```

训练代码如下。

```
START_TAG = "<START>"
STOP_TAG = "<STOP>"
EMBEDDING_DIM = 5
HIDDEN_DIM = 4

#弥补一些训练数据
training_data = [(
    "the wall street journal reported today that apple corporation made
money".split(),
    "B I I I O O O B I O O".split()
), (
    "georgia tech is a university in georgia".split(),
    "B I O O O O B".split()
)]

word_to_ix = {}
for sentence, tags in training_data:
    for word in sentence:
        if word not in word_to_ix:
            word_to_ix[word] = len(word_to_ix)

tag_to_ix = {"B": 0, "I": 1, "O": 2, START_TAG: 3, STOP_TAG: 4}
```

```
model = BiLSTM_CRF(len(word_to_ix), tag_to_ix, EMBEDDING_DIM, HIDDEN_DIM)
optimizer = optim.SGD(model.parameters(), lr=0.01, weight_decay=1e-4)

#在训练前检查预测
with torch.no_grad():
    precheck_sent = prepare_sequence(training_data[0][0], word_to_ix)
    precheck_tags = torch.tensor([tag_to_ix[t] for t in training_data
[0][1]], dtype=torch.long)
    print(model(precheck_sent))

#确保加载 LSTM 部分时提前调用 prepare_sequence 函数
for epoch in range(
        300): #再次强调，通常情况下，不会进行 300 个周期的训练，因为这是玩具数据，用
于训练模型的句子和标签
        #步骤 1，PyTorch 积累了梯度
        #在每个实例之前，我们需要清除它们
        model.zero_grad()

        #步骤 2，为网络准备的输入转换为单词索引的张量
        sentence_in = prepare_sequence(sentence, word_to_ix)
        targets = torch.tensor([tag_to_ix[t] for t in tags], dtype=
torch.long)

        #步骤 3，向前运行
        loss = model.neg_log_likelihood(sentence_in, targets)

        #步骤 4，通过调用 optimizer.step()来计算损失、梯度和更新参数
        loss.backward()
        optimizer.step()

#训练后检查预测
with torch.no_grad():
    precheck_sent = prepare_sequence(training_data[0][0], word_to_ix)
    print(model(precheck_sent))
#得到结果
```

输出结果如下。

```
(tensor(2.6907), [1, 2, 2, 2, 2, 2, 2, 2, 2, 2, 1])
(tensor(20.4906), [0, 1, 1, 1, 2, 2, 2, 0, 1, 2, 2])
```

另一个经典模型为 BERT-BI-LSTM-CRF。Bert 从谷歌 2018 年发表至今，由于在自然语言处理任务中表现出的杰出效果，因此在 NLP 领域被广泛应用。BERT[2]模型开启了

NLP 的新时代。BERT 是一种基于语义理解的深度双向预训练 Transformer 模型。

图 5.9 是 Transformer 模型的整体结构[3]。学习 Transformer 模型之前可以了解一下 Seq2Seq 模型[4]和 Attention[5]机制，图 5.9 的左边是一个 Encoder，图 5.9 的右边是一个 Decoder，Multi-Head Attention 是由多个 Self-Attention 组成的，Encoder block 包含一个 Multi-Head Attention，Decoder block 包含 Multi-Head Attention 和 Masked Multi-Head Attention。Multi-Head Attention 上方还包含一个 Add & Norm 层。Add 表示残差连接（residual connection），用于防止网络退化；Norm 表示 Layer Normalization，用于对每一层的激活值进行归一化。

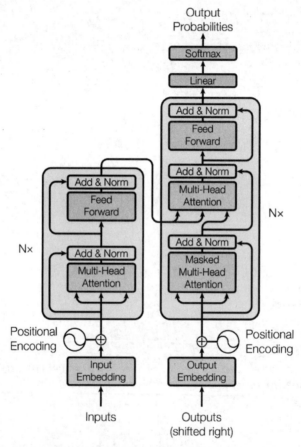

图 5.9　Transformer 模型的整体结构

Encoder 结构内部包含 6 个小编码块，每一层包含两个子层；Decoder 结构内部同样包含 6 个小解码块，每一层包含 3 个子层。Encoder 的输出会作为 Decoder 的输入，Transformer Encoder 和 Decoder 的结构如图 5.10 所示，箭头表示输入和输出。

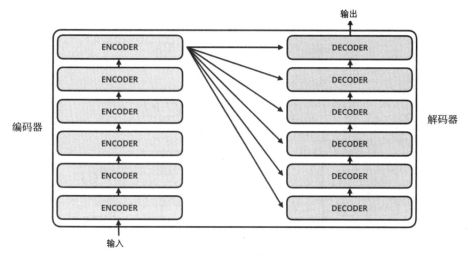

图 5.10 Transformer Encoder 和 Decoder 结构

Encoder 的每一层有两个操作,分别是 Self-Attention 和 Feed Forward;而 Decoder 的每一层有 3 个操作,分别是 Self-Attention、Encoder-Decoder Attention 以及 Feed Forward。Encoder 与 Decoder 分层结构如图 5.11 所示。

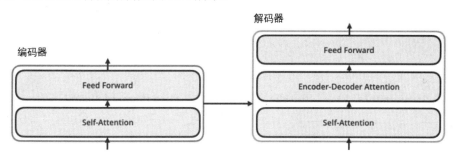

图 5.11 Encoder 与 Decoder 分层结构

在 Transformer 的 Encoder 中,6 个相同的 layer 中含有 multi-head self-attention mechanism 和 fully connected feed-forward network,每个子层 sub-layer 的额输出为 LayerNorm(x + Sublayer(x))。在 multi-head self-attention 中,以 attention 的原理推出 Attention 表现形式可以为 attention_output = Attention(Q,K,V),multi-head attention 将 h 个不同的线性变换对 Q、K、V 进行投影,将不同的 Attention 结果拼接起来:

$$\text{MultiHead}(Q,K,V) = \text{Concat}(\text{head}_1,\ldots,\text{head}_h)W^O$$
$$\text{where head} = \text{Attention}(QW_i^Q, KW_i^K, VW_i^V)$$

在 Transfromer 的论文实验中,Attention 的计算采用了 scaled dot-product,称为 scaled dot-product Attention,如图 5.12[3]所示,左侧为加了 mask 的 Attention,数据通过 Self-

Attention 的模块得到 Attention(Q,K,V)，公式为

$$\text{Attention}(Q,K,V) = \text{softmax}\left(\frac{QK^T}{\sqrt{d_k}}\right)V$$

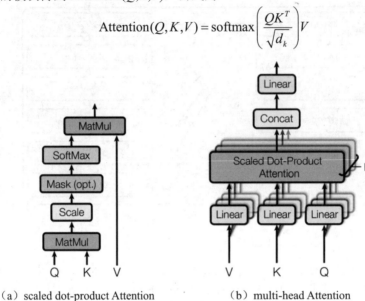

（a）scaled dot-product Attention　　　（b）multi-head Attention

图 5.12　scaled dot-product Attention 与 multi-head Attention

投影为参数矩阵，即

$$W_i^Q \in \mathbb{R}^{d_{\text{model}} \times d_k}, \quad W_i^K \in \mathbb{R}^{d_{\text{model}} \times d_k}, \quad W_i^V \in \mathbb{R}^{d_{\text{model}} \times d_v};$$
$$W^O \in \mathbb{R}^{hd_v \times d_{\text{model}}}$$

得到 Attention(Q,K,V)后，Encoder 的第二个模块 Feed Forward Neural Network 可以表示为

$$\text{FFN}(x) = \max(0, xW_1 + b_1)W_2 + b_2$$

BERT 模型基于 Transformer 模型，基于 Transformer 作为底层结构的还有多种，下面以 OpenAI 发布的 GPT 模型为例。BERT 相较于 GPT[6]，采用了双向语言模型，GPT 采用的是单向语言模型。BERT 基于 Transformer 的 Encoder 构建，GPT 基于 Transformer 的 Decoder 构建。这样就导致 GPT 类似于传统的语言模型，即一次只输出一个单词进行序列预测。GPT 是单向的模型，图 5.13 所示为 GPT 模型[2]，无法考虑语境的下文，其中 masked attention 部分能够屏蔽来自未来的信息。BERT 模型作为双向语言模型，基于 Encoder，预训练

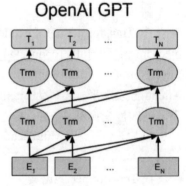

图 5.13　GPT 模型

任务结合了前后文语义的单词预测，可以更好地利用上下文信息进行预测。

针对某些任务，只需要在预训练模型上微调 GPT 模型，如文本分类。针对其他某些任务，如对于问答或者文本蕴含，由于预训练模型针对连续文本序列进行训练，所以需要做一些调整，修改输入结构，将输入转换成有序序列输入。在图 5.14 所示的具体任务的 GPT 模型微调[6]中，右边为微调不同任务的输入转换示例，左边为 GPT 论文实验中使用 Transformer 架构和训练目标。

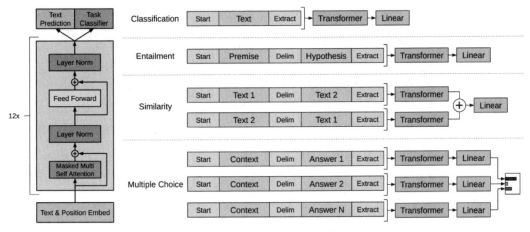

图 5.14 具体任务的 GPT 模型微调

BERT 是深度双向语言表征模型，BERT 论文中以 GPT、ELMo[7]作为对比阐释预训练模型架构的差异，图 5.15 所示为 BERT 模型、GPT 模型、ELMo 模型的对比情况[2]。BERT 使用双向 Transformer，OpenAI GPT 使用从左到右的 Transformer，ELMo 是基于 LSTM 的双向语言模型。ELMo 采用两部分双层双向 LSTM 进行特征提取，然后再进行特征拼接来融合语义信息。很多 NLP 任务表明 Transformer 的特征提取能力强于 LSTM，BERT 采用的是 Transformer 架构中的 Encoder 模块，GPT 采用的是 Transformer 架构中的 Decoder 模块。

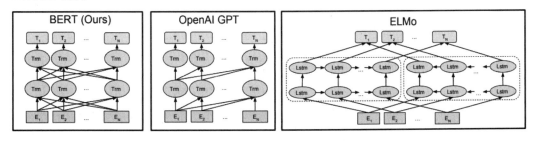

图 5.15 BERT 模型、GPT 模型、ELMo 模型对比

BERT 模型采用和 GPT 完全相同的两阶段模型：首先是语言模型 Pre-training（预训

练）；其次是使用 Fine-Tuning 模式解决下游任务。Pre-training 和 Fine-Tuning 两部分组成了 BERT 模型，图 5.16 所示为 BERT 模型的架构[2]。除了输出层，预训练和微调使用相同的架构。在预训练期间，模型在不同预训练任务中未标记的任务上进行训练。在微调期间，所有参数都被微调，BERT 模型首先初始化预训练的参数，所有的参数均来自下游任务，每个下游任务都有独立的微调模型，即便它们均使用相同的预训练参数初始化。

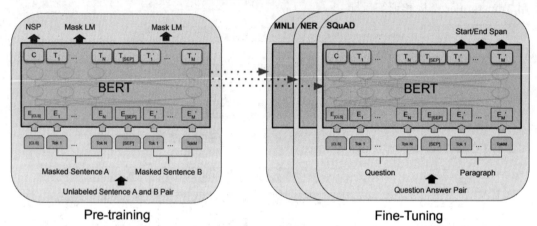

图 5.16　BERT 模型的架构（预训练和微调）

BERT 的输入表示（input representation）由词向量（token embeddings）、块向量（segment embeddings）和位置向量（position embeddings）之和组成，图 5.17 为 BERT 的输入表示[2]。

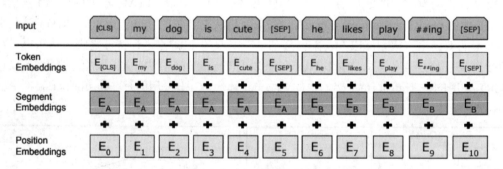

图 5.17　BERT 的输入表示

BERT 论文列举了 Masked LM 和 Next Sentence Prediction 两个预训练任务，具体的实验设置和比较可以阅读 BERT 原论文。图 5.18 所示为在不同任务上微调 BERT[2]。

图 5.19 所示为 BERT 论文中 CoNLL-2003 命名实体结果[2]，证明 BERT 对于微调和基于特征的方法都是有效的。

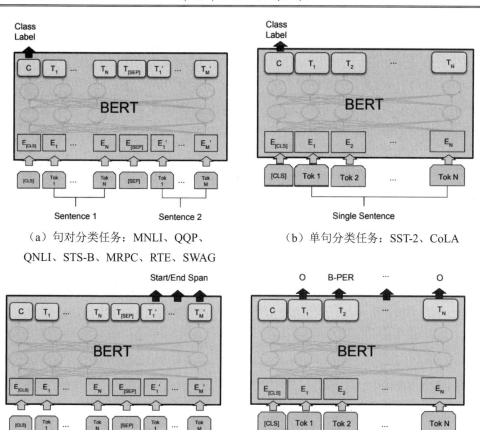

（a）句对分类任务：MNLI、QQP、
QNLI、STS-B、MRPC、RTE、SWAG

（b）单句分类任务：SST-2、CoLA

（c）问答任务：SQuAD v1.1

（d）单句标注任务：CoNLL-2003 命名实体识别

图 5.18　在不同任务上微调 BERT

System	Dev F1	Test F1
ELMo (Peters et al., 2018a)	95.7	92.2
CVT (Clark et al., 2018)	-	92.6
CSE (Akbik et al., 2018)	-	**93.1**
Fine-tuning approach		
BERT_{LARGE}	96.6	92.8
BERT_{BASE}	96.4	92.4
Feature-based approach (BERT_{BASE})		
Embeddings	91.0	-
Second-to-Last Hidden	95.6	-
Last Hidden	94.9	-
Weighted Sum Last Four Hidden	95.9	-
Concat Last Four Hidden	96.1	-
Weighted Sum All 12 Layers	95.5	-

图 5.19　BERT 论文中 CoNLL-2003 命名实体结果

BERT 模型的代码地址为 https://github.com/google-research/bert，如图 5.20 所示。

CONTRIBUTING.md	Initial BERT release		4 years ago
LICENSE	Initial BERT release		4 years ago
README.md	Add links to 24 smaller BERT models.		3 years ago
__init__.py	Initial BERT release		4 years ago
create_pretraining_data.py	Adding Whole Word Masking		4 years ago
extract_features.py	Running through pyformat to meet Google code standards		4 years ago
modeling.py	Adding TF Hub support		4 years ago
modeling_test.py	Adding SQuAD 2.0 support		4 years ago
multilingual.md	Updating XNLI paths		3 years ago
optimization.py	Padding examples for TPU eval/predictions and checking case match		4 years ago
optimization_test.py	Initial BERT release		4 years ago
predicting_movie_reviews_with_bert_...	Ready-to-run colab tutorial on using BERT with tf hub on GPUS		4 years ago
requirements.txt	Updating requirements.txt to make it only 1.11.0		4 years ago
run_classifier.py	Padding examples for TPU eval/predictions and checking case match		4 years ago
run_classifier_with_tfhub.py	(1) Updating TF Hub classifier (2) Updating tokenizer to support emojis		4 years ago
run_pretraining.py	Fixing typo in function name and updating README		4 years ago
run_squad.py	Padding examples for TPU eval/predictions and checking case match		4 years ago
sample_text.txt	Initial BERT release		4 years ago
tokenization.py	(1) Updating TF Hub classifier (2) Updating tokenizer to support emojis		4 years ago
tokenization_test.py	(1) Updating TF Hub classifier (2) Updating tokenizer to support emojis		4 years ago

图 5.20　BERT 官方代码

BERT-BI-LSTM-CRF 模型架构如图 5.21 所示（图 5.21 来源于论文，基于 BERT-BiLSTM-CRF 模型的中文实体识别）。

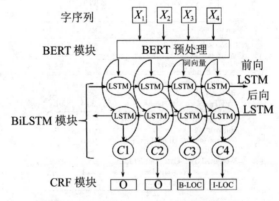

图 5.21　BERT-BI-LSTM-CRF 模型架构

5.1.2　实体抽取示例

可以将代码与训练模型下载到本地配置环境运行，Hugging Face 提供了 PyTorch 的实现版本，可以加载谷歌预训练的模型。与 GitHub 相似，Hugging Face 是一个开源社区，Hugging Face 提供了模型仓库、模型、数据集。模型仓库可以管理模型版本、开源模型等，同时该平台为不同的任务提供了许多模型供用户使用，此外提供了众多的开源数据集。Hugging Face Transformers 是 Hugging Face 的核心项目，这里基于 Transformer 提供了大量的预训练模型可以用于不同的任务，如文本领域、音频领域和计算机视觉领域。Hugging Face 官方网站中 BERT 模型使用文档[8]记录了大量的 demo 做参考。

安装 Transformers 非常简单，使用如下命令直接安装即可。

```
pip install transformers
```

国内可以使用清华源进行安装。

```
pip install -i https://pypi.tuna.tsinghua.edu.cn/simple transformers
```

安装 datasets，可以使用数据集。

```
pip install -i https://pypi.tuna.tsinghua.edu.cn/simple datasets
```

Transformers 项目提供了简单的 API 可以直接调用，如 AutoTokenizer（用于文本分词）、AutoFeatureExtractor（用于特征提取）、AutoProcessor（用于数据处理）、AutoModel（用于加载模型），文档地址为 https://huggingface.co/docs/transformers/autoclass_tutorial。其中给出了有关 API 调用的详细介绍，Transformers 介绍文档的地址为 https://huggingface.co/docs/transformers/index。

下面为 AutoTokenizer 分词使用示例，该示例使用了 bert-base-cased 模型。

```
from transformers import AutoTokenizer

tokenizer = AutoTokenizer.from_pretrained("bert-base-cased")
example = "My name is Sylvain and I work at Hugging Face in Brooklyn."
encoding = tokenizer(example)
print(encoding.tokens())
```

pipeline 提供了一些无须训练可以直接使用的 NLP 任务模型，ner 示例代码如下。

```
from transformers import pipeline

#命名实体识别
ner_pipe = pipeline("ner")
```

```
sequence = """Hugging Face Inc. is a company based in New York City. Its
headquarters are in DUMBO,
therefore very close to the Manhattan Bridge which is visible from the
window."""

for entity in ner_pipe(sequence):
    print(entity)
```

运行结果如下。

```
{'entity': 'I-ORG', 'score': 0.99957865, 'index': 1, 'word': 'Hu', 'start':
0, 'end': 2}
{'entity': 'I-ORG', 'score': 0.9909764, 'index': 2, 'word': '##gging',
'start': 2, 'end': 7}
{'entity': 'I-ORG', 'score': 0.9982224, 'index': 3, 'word': 'Face', 'start':
8, 'end': 12}
{'entity': 'I-ORG', 'score': 0.9994879, 'index': 4, 'word': 'Inc', 'start':
13, 'end': 16}
{'entity': 'I-LOC', 'score': 0.9994344, 'index': 11, 'word': 'New', 'start':
40, 'end': 43}
{'entity': 'I-LOC', 'score': 0.99931955, 'index': 12, 'word': 'York',
'start': 44, 'end': 48}
{'entity': 'I-LOC', 'score': 0.9993794, 'index': 13, 'word': 'City',
'start': 49, 'end': 53}
{'entity': 'I-LOC', 'score': 0.98625827, 'index': 19, 'word': 'D', 'start':
79, 'end': 80}
{'entity': 'I-LOC', 'score': 0.9514271, 'index': 20, 'word': '##UM',
'start': 80, 'end': 82}
{'entity': 'I-LOC', 'score': 0.93365914, 'index': 21, 'word': '##BO',
'start': 82, 'end': 84}
{'entity': 'I-LOC', 'score': 0.9761654, 'index': 28, 'word': 'Manhattan',
'start': 114, 'end': 123}
{'entity': 'I-LOC', 'score': 0.9914629, 'index': 29, 'word': 'Bridge',
'start': 124, 'end': 130}
```

官方提供了主要的 NLP 任务示例，以 NLP 标记任务为例，即为句子中的词或字分配标签，如命名实体识别、词性标注、分块。

接下来为预处理准备数据。首先加载 CoNLL-2003 数据集，代码如下。

```
from datasets import load_dataset

raw_datasets = load_dataset("conll2003")
```

打印 raw_datasets 结果如下。

```
DatasetDict({
    train: Dataset({
        features: ['id', 'tokens', 'pos_tags', 'chunk_tags', 'ner_tags'],
        num_rows: 14041
    })
    validation: Dataset({
        features: ['id', 'tokens', 'pos_tags', 'chunk_tags', 'ner_tags'],
        num_rows: 3250
    })
    test: Dataset({
        features: ['id', 'tokens', 'pos_tags', 'chunk_tags', 'ner_tags'],
        num_rows: 3453
    })
})
```

数据集中显示包含 NER（命名实体识别）、POS（词性标注）、chunking（分块），且数据集的输入文本为单词列表形式，数据集的第一个元素如下。

```
['EU', 'rejects', 'German', 'call', 'to', 'boycott', 'British', 'lamb', '.']
```

序列元素的类型如下。

```
['O', 'B-PER', 'I-PER', 'B-ORG', 'I-ORG', 'B-LOC', 'I-LOC', 'B-MISC',
'I-MISC']
```

B-PER/I-PER 表示这个词对应人名实体的开头/内部，B-ORG/I-ORG 表示这个词对应组织名称实体的开头/内部，B-LOC/I-LOC 表示这个词对应地名实体的开头/内部，B-MISC/I-MISC 表示该词对应一个杂项实体的开头/内部。

```
#对预先标记的输入进行标记
inputs = tokenizer(raw_datasets["train"][0]["tokens"], is_split_into_
words=True)

print(inputs.tokens())
print(inputs.word_ids())
def align_labels_with_tokens(labels, word_ids):
    new_labels = []
    current_word = None
    for word_id in word_ids:
        if word_id != current_word:
            #开始新词处理
            current_word = word_id
            label = -100 if word_id is None else labels[word_id]
            new_labels.append(label)
        elif word_id is None:
```

```
    #特殊标记
    new_labels.append(-100)
  else:
    #同一标记
    label = labels[word_id]
    #将 B- 替换为 I-
    if label % 2 == 1:
        label += 1
    new_labels.append(label)

  return new_labels
```

测试标记结果代码如下。

```
#测试标记结果
labels = raw_datasets["train"][0]["ner_tags"]
word_ids = inputs.word_ids()
print(labels)
print(align_labels_with_tokens(labels, word_ids))
```

预处理整个数据集，代码如下。

```
#预处理整个数据集
def tokenize_and_align_labels(examples):
    tokenized_inputs = tokenizer(
        examples["tokens"], truncation=True, is_split_into_words=True
    )
    all_labels = examples["ner_tags"]
    new_labels = []
    for i, labels in enumerate(all_labels):
        word_ids = tokenized_inputs.word_ids(i)
        new_labels.append(align_labels_with_tokens(labels, word_ids))

    tokenized_inputs["labels"] = new_labels
    return tokenized_inputs
tokenized_datasets = raw_datasets.map(
    tokenize_and_align_labels,
    batched=True,
    remove_columns=raw_datasets["train"].column_names,
)
```

使用 Trainer API 微调模型。数据排序的代码如下。

```
#数据排序
from transformers import DataCollatorForTokenClassification
```

```
data_collator = DataCollatorForTokenClassification(tokenizer=tokenizer)
#示例
batch = data_collator([tokenized_datasets["train"][i] for i in range(2)])
print(batch["labels"])
#标签对比
for i in range(2):
    print(tokenized_datasets["train"][i]["labels"])
```

模型评估常用指标。安装 seqeval 库并使用，代码如下。

```
from datasets import load_metric

metric = load_metric("seqeval")
```

获取训练示例标签。

```
#获取训练示例标签
labels = raw_datasets["train"][0]["ner_tags"]
labels = [label_names[i] for i in labels]
print(labels)
```

示例标签输出如下。

```
['B-ORG', 'O', 'B-MISC', 'O', 'O', 'O', 'B-MISC', 'O', 'O']
```

创建预测，并打印输出，代码如下。

```
#创建预测，并打印输出
predictions = labels.copy()
predictions[2] = "O"
metric.compute(predictions=[predictions], references=[labels])
print(metric.compute(predictions=[predictions], references=[labels]))
```

调整 compute_metrics()函数返回所需全部指标，代码如下。

```
#调整 compute_metrics()函数返回所需全部指标
import numpy as np


def compute_metrics(eval_preds):
    logits, labels = eval_preds
    predictions = np.argmax(logits, axis=-1)

    #移除被忽略的索引（特殊标记）并转换为标签
    true_labels = [[label_names[l] for l in label if l != -100] for label
in labels]
    true_predictions = [
```

```
        [label_names[p] for (p, l) in zip(prediction, label) if l != -100]
        for prediction, label in zip(predictions, labels)
    ]
    all_metrics = metric.compute(predictions=true_predictions, references=
true_labels)
    return {
        "precision": all_metrics["overall_precision"],
        "recall": all_metrics["overall_recall"],
        "f1": all_metrics["overall_f1"],
        "accuracy": all_metrics["overall_accuracy"],
    }
```

定义模型，代码如下。

```
id2label = {i: label for i, label in enumerate(label_names)}
label2id = {v: k for k, v in id2label.items()}

from transformers import AutoModelForTokenClassification

model = AutoModelForTokenClassification.from_pretrained(
    model_checkpoint,
    id2label=id2label,
    label2id=label2id,
)
print(model.config.num_labels)
```

打印出结果为 9。

接下来对算法模型进行微调。在定义 Trainer 之前，登录 Hugging Face，定义训练参数。notebook 方式代码如下。

```
from huggingface_hub import notebook_login

notebook_login()
```

如果不是 notebook 方式，终端直接使用命令行，如在 Windows 终端输入命令 huggingface-cli login，如图 5.22 所示。

图 5.22　Hugging Face token 登录

定义训练参数，代码如下。

```python
#定义训练参数
from transformers import TrainingArguments

args = TrainingArguments(
    "bert-finetuned-ner",
    evaluation_strategy="epoch",
    save_strategy="epoch",
    learning_rate=2e-5,
    num_train_epochs=3,
    weight_decay=0.01,
    push_to_hub=True,
)
```

训练并上传模型，代码如下。

```python
#训练
from transformers import Trainer

trainer = Trainer(
    model=model,
    args=args,
    train_dataset=tokenized_datasets["train"],
    eval_dataset=tokenized_datasets["validation"],
    data_collator=data_collator,
    compute_metrics=compute_metrics,
    tokenizer=tokenizer,
)
trainer.train()
#上传模型
trainer.push_to_hub(commit_message="Training complete")
```

自定义训练循环。训练准备，代码如下。

```python
from torch.utils.data import DataLoader

train_dataloader = DataLoader(
    tokenized_datasets["train"],
    shuffle=True,
    collate_fn=data_collator,
    batch_size=8,
)
eval_dataloader = DataLoader(
```

```
    tokenized_datasets["validation"], collate_fn=data_collator, batch_
size=8
)
model = AutoModelForTokenClassification.from_pretrained(
    model_checkpoint,
    id2label=id2label,
    label2id=label2id,
)
#优化器
from torch.optim import AdamW

optimizer = AdamW(model.parameters(), lr=2e-5)

from accelerate import Accelerator

accelerator = Accelerator()
model, optimizer, train_dataloader, eval_dataloader = accelerator.
prepare(
    model, optimizer, train_dataloader, eval_dataloader
)

from transformers import get_scheduler

num_train_epochs = 3
num_update_steps_per_epoch = len(train_dataloader)
num_training_steps = num_train_epochs * num_update_steps_per_epoch

lr_scheduler = get_scheduler(
    "linear",
    optimizer=optimizer,
    num_warmup_steps=0,
    num_training_steps=num_training_steps,
)

from huggingface_hub import Repository, get_full_repo_name

model_name = "bert-finetuned-ner-accelerate"
repo_name = get_full_repo_name(model_name)

output_dir = "bert-finetuned-ner-accelerate"
repo = Repository(output_dir, clone_from=repo_name)
```

训练循环，代码如下。

```python
#训练循环
from tqdm.auto import tqdm
import torch
def postprocess(predictions, labels):
    predictions = predictions.detach().cpu().clone().numpy()
    labels = labels.detach().cpu().clone().numpy()

    #删除特殊标记转换标签
    true_labels = [[label_names[l] for l in label if l != -100] for label
in labels]
    true_predictions = [
        [label_names[p] for (p, l) in zip(prediction, label) if l != -100]
        for prediction, label in zip(predictions, labels)
    ]
    return true_labels, true_predictions

progress_bar = tqdm(range(num_training_steps))

for epoch in range(num_train_epochs):
    #训练
    model.train()
    for batch in train_dataloader:
        outputs = model(**batch)
        loss = outputs.loss
        accelerator.backward(loss)

        optimizer.step()
        lr_scheduler.step()
        optimizer.zero_grad()
        progress_bar.update(1)

    #评估
    model.eval()
    for batch in eval_dataloader:
        with torch.no_grad():
            outputs = model(**batch)

        predictions = outputs.logits.argmax(dim=-1)
        labels = batch["labels"]

        #填充预测和标签以供收集
        predictions = accelerator.pad_across_processes(predictions, dim=1,
pad_index=-100)
```

```
        labels = accelerator.pad_across_processes(labels, dim=1, pad_
index=-100)

        predictions_gathered = accelerator.gather(predictions)
        labels_gathered = accelerator.gather(labels)

        true_predictions, true_labels = postprocess(predictions_gathered,
labels_gathered)
        metric.add_batch(predictions=true_predictions, references=true_
labels)
```

```
    results = metric.compute()
    print(
        f"epoch {epoch}:",
        {
            key: results[f"overall_{key}"]
            for key in ["precision", "recall", "f1", "accuracy"]
        },
    )

    #保存并上传
    accelerator.wait_for_everyone()
    unwrapped_model = accelerator.unwrap_model(model)
    unwrapped_model.save_pretrained(output_dir,
save_function=accelerator.save)
    if accelerator.is_main_process:
        tokenizer.save_pretrained(output_dir)
        repo.push_to_hub(
            commit_message=f"Training in progress epoch {epoch}", blocking=
False
        )
```

调用模型，代码如下。

```
from transformers import pipeline

#替换为自己的节点
model_checkpoint = "huggingface-course/bert-finetuned-ner"
token_classifier = pipeline(
    "token-classification", model=model_checkpoint, aggregation_
strategy="simple"
)
print(token_classifier("My name is Sylvain and I work at Hugging Face in
Brooklyn."))
```

5.2 关 系 抽 取

关系抽取是指从自然语言文本中识别和提取实体之间的语义关系，如人与组织机构之间的就职关系、药物与疾病之间的治疗关系等。该任务属于信息提取领域，可以帮助自然语言处理系统自动理解文本中实体之间的关系，从而支持自动问答、知识图谱构建等应用。

关系抽取通常需要使用自然语言处理技术和机器学习算法来自动标注和提取文本中的关系。其中，基于规则的方法使用手工编写的模式匹配规则来捕捉不同类型的关系；而基于机器学习的方法则依赖于大规模标注好的训练数据集，通过学习实体对之间的语义特征和关系模式来预测新文本中的关系。

关系抽取的应用非常广泛，包括智能问答、信息检索、文本摘要、知识图谱构建等领域。但是，由于语言表达的多样性和复杂性，关系抽取仍然面临着许多挑战，如歧义性、跨句子关系的识别、低频词汇的处理等。

5.2.1 关系抽取模型

在实体抽取的基础上，如果实体抽取的两个实体或者多个实体之间存在着某种关系，则关系抽取就是从这些实体所在的结构化或者非结构化文本中找出这些实体存在的关系。第 2 章已经较为全面地介绍了关系抽取的方法，这里介绍基于深度学习的关系抽取。基于深度学习的有监督关系抽取分为流水线（pipeline）和联合学习（joint learning）。

基于流水线的方法的模型有基于 RNN 模型的关系抽取、基于 CNN 模型的关系抽取、基于 LSTM 模型的关系抽取、基于 BERT 模型的关系抽取等。这些模型在命名实体识别中已有介绍。基于流水线的方法的主要流程是对已经标注好目标实体对的句子进行关系抽取，然后将存在实体关系的三元组输出。

基于联合学习的关系抽取同时抽取实体并分类实体对的关系，通过实体识别和关系分类联合模型得到存在关系的实体三元组。

基于流水线的关系抽取需要先做命名实体识别任务，再做关系分类（relation classification），这种基于流水线的关系抽取存在错误传递，命名实体识别出现错误，后面关系分类也会出现错误。

早期的实体关系联合抽取模型与文献 *Joint entity recognition and relation extraction as a multi-head selection problem* 中提出的联合抽取模型类似（见图 5.23[9]），属于共享参数

的联合抽取模型，此多头选择模型一起做 NER 任务和关系分类任务，用 BiLSTM+CRF
识别实体，然后对任意两个实体进行关系分类。

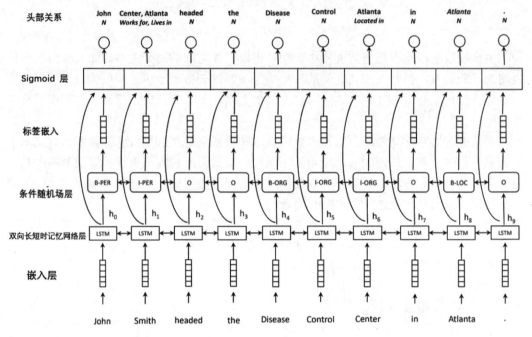

图 5.23　用于联合实体和关系抽取的多头选择机制模型

文献 *Joint Extraction of Entities and Relations Based on a Novel Decomposition Strategy*
中的思想是先抽取头实体，然后抽取尾实体和关系，模型如图 5.24 所示，字符级别和单
词级别的特征抽取是共享的，图 5.25 为标记的一个示例[10]，属于"SPO 问题与指针网络
的论文"。

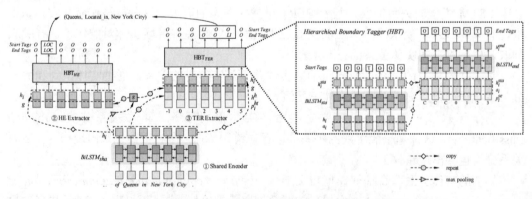

图 5.24　模型图（左边是联合抽取系统，右边是详细结构）

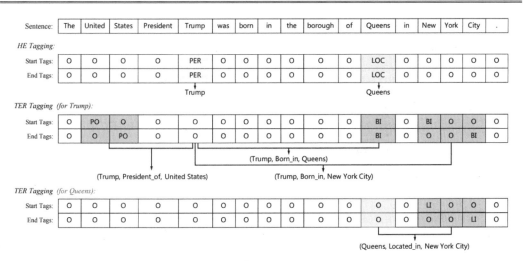

图 5.25　标记的一个示例

HE Extractor：共享特征进来之后利用 LSTM 继续抽取特征，并做简单转换，公式为

$$\mathbf{h}_i^{\text{sta}} = \text{BiLSTM}_{\text{sta}}([\mathbf{h}_i ; \mathbf{a}_i])$$

$$P(y_i^{\text{sta}}) = \text{Softmax}(\mathbf{W}^{\text{sta}} \cdot \mathbf{h}_i^{\text{sta}} + \mathbf{b}^{\text{sta}})$$

$$\text{sta\_tag}(x_i) = \underset{k}{\text{argmax}}\, P(y_i^{\text{sta}} = k)$$

TER Extractor：将共享特征和抽取头实体获取的特征输入，利用 LSTM 处理，公式为

$$\mathbf{h}_i^{\text{end}} = \text{BiLSTM}_{\text{end}}([\mathbf{h}_i^{\text{sta}} ; \mathbf{a}_i ; \mathbf{P}_i^{\text{se}}])$$

$$P(y_i^{\text{end}}) = \text{Softmax}(\mathbf{W}^{\text{end}} \cdot \mathbf{h}_i^{\text{end}} + \mathbf{b}^{\text{end}})$$

$$\text{end\_tag}(x_i) = \underset{k}{\text{argmax}}\, P(y_i^{\text{end}} = k)$$

其损失函数为

$$\mathcal{L}_{HBT} = -\frac{1}{n} \sum_{i=1}^{n} \left(\log P(y_i^{\text{sta}} = \hat{y}_i^{\text{sta}}) + \log P(y_i^{\text{end}} = \hat{y}_i^{\text{end}}) \right)$$

CopyMTL 是在 CopyRE 基础上进行改进的，图 5.26 所示为 CopyMTL 模型[11]。CopyRE 是一种基于 copying mechanism+seq2seq 结构的联合关系抽取模型，其论文代码在 GitHub 上可查询。CopyMTL 其模型的核心思路与 CopyRE 相似，Encoder 部分使用 BiLSTM 建模句子上下文信息，结合 copying mechanism 生成多对三元组，引入命名实体任务进行多任务学习处理以解决 CopyRE 只能抽取单字却不能抽取成词的问题。Decoder 解码部分使用 Attention+LSTM 建模并使用一个全连接层获取输出（代码地址为 https://github.com/WindChimeRan/CopyMTL）。

CASREL[12]主要是为了解决一个句子中包含多个关系三元组时存在的训练效果不佳的问题，图 5.27 所示为关系识别 3 种场景的情况[12]，即 Normal、EntityPairOverlap（EPO）、

SingleEntityOverlap（SEO），模型重点解决了一对多的问题。

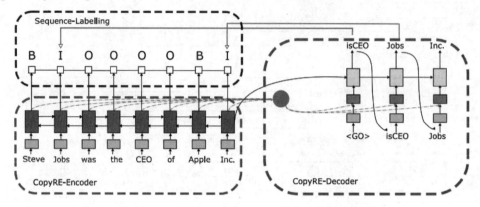

图 5.26　CopyMTL 模型

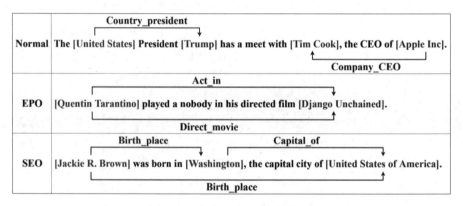

图 5.27　关系识别 3 种场景情况

　　CASREL 以一种新的视角来重新审视经典的关系三元组抽取问题，从而实现了不受重叠三元组问题的困扰（如两个实体多种关系）。CASREL 架构[12]如图 5.28 所示，将训练中的句子利用 BERT 进行切分得到相应的编码，指出句子中 subject 与 object 位置的起始位置与终止位置，随机选择一个 subject 的起始与终止位置。把相应的输入给 BERT 模型，BERT 模型得到最后一层的隐藏状态，对隐藏状态进行 sigmoid 分类，得到 subject 的开始位置与结束位置，之后再取出倒数第二层的隐状态，利用输入的 subject_id 取出隐状态中的首尾向量，得到相应的向量后对向量进行简单的相加求平均，并通过条件层归一化处理。通过 sigmoid 对所有的关系进行二分类。损失函数 mask 可以在填充过后只采用有效的部分，从而避免计算时因为 0 的添加导致计算错误（代码地址为 https://github.com/weizhepei/CasRel）。

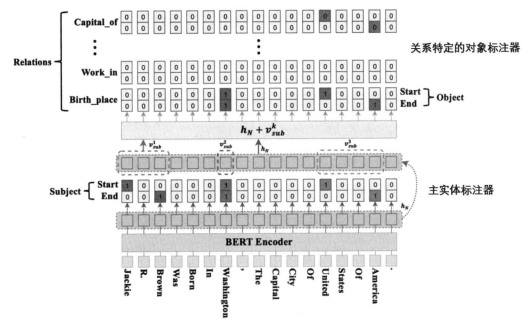

图 5.28　CASREL 架构

5.2.2　关系抽取示例

关系抽取的目标是对于给定的自然语言句子，根据预先定义的 schema 集合，抽取出所有满足 schema 约束的 SPO 三元组。schema 定义了关系 P 以及其对应的主体（S）和客体（O）的类别。paddlenlp 可以实现快速的关系抽取。

百度飞桨提供了基于预训练模型的实体关系抽取示例。

安装 paddlenlp 最新版本，代码如下。

```
#安装paddlenlp最新版本
!pip install --upgrade paddlepaddle-gpu -i https://pypi.tuna.tsinghua.
edu.cn/simple
!pip install --upgrade paddlenlp -i https://pypi.tuna.tsinghua.edu.cn/
simple

%cd relation_extraction


! pip show paddlepaddle-gpu
! pip show paddlenlp
```

针对多条、交叠 SPO 这一抽取目标，根据参与构建的 predicate 种类将 B 标签进一步区分。给定 schema 集合，对于 N 种不同的 predicate，以及头实体/尾实体两种情况，存在 2N 种 B 标签，合并 I 和 O 标签，每个 token 一共有"2N+2"个标签。如图 5.29 所示为官方标注示例。

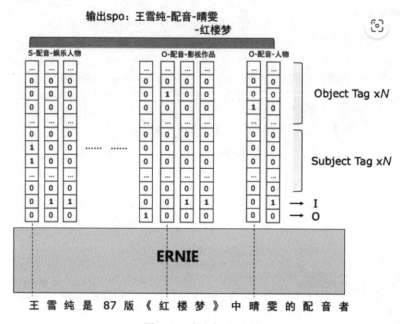

图 5.29　官方标注示例

评价指标如下。

P=测试集所有句子中预测正确的 SPO 个数/测试集所有句子中预测出的 SPO 个数；

R=测试集所有句子中预测正确的 SPO 个数/测试集所有句子中人工标注的 SPO 个数。

1．构建模型

基线模型采用的是 ERNIE 序列标注模型，该任务是一个序列标注任务。文本数据处理直接调用 tokenizer 即可输出模型所需的输入数据。

```
import os
import sys
import json
from paddlenlp.transformers import ErnieForTokenClassification,
ErnieTokenizer

label_map_path = os.path.join('/relation_extraction/data',
"predicate2id.json")
```

```
if not (os.path.exists(label_map_path) and os.path.isfile(label_map_path)):
    sys.exit("{} dose not exists or is not a file.".format(label_map_path))
with open(label_map_path, 'r', encoding='utf8') as fp:
    label_map = json.load(fp)

num_classes = (len(label_map.keys()) - 2) * 2 + 2

model = ErnieForTokenClassification.from_pretrained("ernie-1.0",
num_classes=(len(label_map) - 2) * 2 + 2)
tokenizer = ErnieTokenizer.from_pretrained("ernie-1.0")

inputs = tokenizer(text="请输入测试样例", max_seq_len=20)
```

2. 加载并处理数据

可以从比赛官方网站下载数据，解压后存储在 data/目录下并重命名为 train_data.json、dev_data.json、test_data.json。

```
from typing import Optional, List, Union, Dict

import numpy as np
import paddle
from tqdm import tqdm

from paddlenlp.transformers import ErnieTokenizer
from paddlenlp.utils.log import logger

from data_loader import parse_label, DataCollator, convert_example_
to_feature
from extract_chinese_and_punct import ChineseAndPunctuationExtractor


class DuIEDataset(paddle.io.Dataset):
    def __init__(self, data, label_map, tokenizer, max_length=512, pad_
to_max_length=False):
        super(DuIEDataset, self).__init__()

        self.data = data
        self.chn_punc_extractor = ChineseAndPunctuationExtractor()
        self.tokenizer = tokenizer
        self.max_seq_length = max_length
        self.pad_to_max_length = pad_to_max_length
        self.label_map = label_map
```

```python
    def __len__(self):
        return len(self.data)

    def __getitem__(self, item):

        example = json.loads(self.data[item])
        input_feature = convert_example_to_feature(
            example, self.tokenizer, self.chn_punc_extractor,
            self.label_map, self.max_seq_length, self.pad_to_max_length)
        return {
            "input_ids": np.array(input_feature.input_ids, dtype="int64"),
            "seq_lens": np.array(input_feature.seq_len, dtype="int64"),
            "tok_to_orig_start_index":
            np.array(input_feature.tok_to_orig_start_index, dtype="int64"),
            "tok_to_orig_end_index":
            np.array(input_feature.tok_to_orig_end_index, dtype="int64"),
            #如果模型输入是在 collate_fn 中生成的，请删除数据类型的转换
            "labels": np.array(input_feature.labels, dtype="float32"),
        }


    @classmethod
    def from_file(cls,
                  file_path,
                  tokenizer,
                  max_length=512,
                  pad_to_max_length=None):
        assert os.path.exists(file_path) and os.path.isfile(
            file_path), f"{file_path} dose not exists or is not a file."
        label_map_path = os.path.join(
            os.path.dirname(file_path), "predicate2id.json")
        assert os.path.exists(label_map_path) and os.path.isfile(
            label_map_path
        ), f"{label_map_path} dose not exists or is not a file."
        with open(label_map_path, 'r', encoding='utf8') as fp:
            label_map = json.load(fp)

        with open(file_path, "r", encoding="utf-8") as fp:
            data = fp.readlines()
            return cls(data, label_map, tokenizer, max_length, pad_to_max_
length)
```

```
data_path = 'data'
batch_size = 32
max_seq_length = 128

train_file_path = os.path.join(data_path, 'train_data.json')
train_dataset = DuIEDataset.from_file(
    train_file_path, tokenizer, max_seq_length, True)

#print(len(train_dataset))
#print(train_dataset[0])


train_batch_sampler = paddle.io.BatchSampler(
    train_dataset, batch_size=batch_size, shuffle=True, drop_last=True)
collator = DataCollator()
train_data_loader = paddle.io.DataLoader(
    dataset=train_dataset,
    batch_sampler=train_batch_sampler,
    collate_fn=collator)

eval_file_path = os.path.join(data_path, 'dev_data.json')
test_dataset = DuIEDataset.from_file(
    eval_file_path, tokenizer, max_seq_length, True)
test_batch_sampler = paddle.io.BatchSampler(
    test_dataset, batch_size=batch_size, shuffle=False, drop_last=True)
test_data_loader = paddle.io.DataLoader(
    dataset=test_dataset,
    batch_sampler=test_batch_sampler,
    collate_fn=collator)
```

3. 定义损失函数和优化器，开始训练

```
import paddle.nn as nn

class BCELossForDuIE(nn.Layer):
    def __init__(self, ):
        super(BCELossForDuIE, self).__init__()
        self.criterion = nn.BCEWithLogitsLoss(reduction='none')

    def forward(self, logits, labels, mask):
        loss = self.criterion(logits, labels)
        mask = paddle.cast(mask, 'float32')
        loss = loss * mask.unsqueeze(-1)
        loss = paddle.sum(loss.mean(axis=2), axis=1) / paddle.sum(mask,
```

```
axis=1)
        loss = loss.mean()
        return loss

from utils import write_prediction_results,get_precision_recall_f1,decoding

@paddle.no_grad()
def evaluate(model, criterion, data_loader, file_path, mode):
    """
    mode eval:
    eval on development set and compute P/R/F1, called between training.
    mode predict:
    eval on development / test set, then write predictions to \
        predict_test.json and predict_test.json.zip \
        under /home/aistudio/relation_extraction/data dir for later
submission or evaluation.
    """
    example_all = []
    with open(file_path, "r", encoding="utf-8") as fp:
        for line in fp:
            example_all.append(json.loads(line))
    id2spo_path = os.path.join(os.path.dirname(file_path), "id2spo.json")
    with open(id2spo_path, 'r', encoding='utf8') as fp:
        id2spo = json.load(fp)

    model.eval()
    loss_all = 0
    eval_steps = 0
    formatted_outputs = []
    current_idx = 0
    for batch in tqdm(data_loader, total=len(data_loader)):
        eval_steps += 1
        input_ids, seq_len, tok_to_orig_start_index, tok_to_orig_end_
index, labels = batch
        logits = model(input_ids=input_ids)
        mask = (input_ids != 0).logical_and((input_ids != 1)).logical_and
((input_ids != 2))
        loss = criterion(logits, labels, mask)
        loss_all += loss.numpy().item()
        probs = F.sigmoid(logits)
        logits_batch = probs.numpy()
        seq_len_batch = seq_len.numpy()
        tok_to_orig_start_index_batch = tok_to_orig_start_index.numpy()
```

```
            tok_to_orig_end_index_batch = tok_to_orig_end_index.numpy()
            formatted_outputs.extend(decoding(example_all[current_idx:
                                current_idx+len(logits)],
                                id2spo,
                                logits_batch,
                                seq_len_batch,
                                tok_to_orig_start_index_batch,
                                tok_to_orig_end_index_batch))
        current_idx = current_idx+len(logits)
    loss_avg = loss_all / eval_steps
    print("eval loss: %f" % (loss_avg))

    if mode == "predict":
        predict_file_path = os.path.join("/home/aistudio/relation_
extraction/data", 'predictions.json')
    else:
        predict_file_path = os.path.join("/home/aistudio/relation_
extraction/data", 'predict_eval.json')

    predict_zipfile_path = write_prediction_results(formatted_outputs,
predict_file_path)

    if mode == "eval":
        precision, recall, f1 = get_precision_recall_f1(file_path,
predict_zipfile_path)
        os.system('rm {} {}'.format(predict_file_path, predict_zipfile_
path))
        return precision, recall, f1
    elif mode != "predict":
        raise Exception("wrong mode for eval func")

from paddlenlp.transformers import LinearDecayWithWarmup

learning_rate = 2e-5
num_train_epochs = 5
warmup_ratio = 0.06

criterion = BCELossForDuIE()
#定义学习率策略
steps_by_epoch = len(train_data_loader)
num_training_steps = steps_by_epoch * num_train_epochs
lr_scheduler = LinearDecayWithWarmup(learning_rate, num_training_steps,
warmup_ratio)
```

```python
optimizer = paddle.optimizer.AdamW(
    learning_rate=lr_scheduler,
    parameters=model.parameters(),
    apply_decay_param_fun=lambda x: x in [
        p.name for n, p in model.named_parameters()
        if not any(nd in n for nd in ["bias", "norm"])])

#模型参数保存路径
!mkdir checkpoints

import time
import paddle.nn.functional as F

#开始训练
global_step = 0
logging_steps = 50
save_steps = 10000
num_train_epochs = 2
output_dir = 'checkpoints'
tic_train = time.time()
model.train()
for epoch in range(num_train_epochs):
    print("\n=====start training of %d epochs=====" % epoch)
    tic_epoch = time.time()
    for step, batch in enumerate(train_data_loader):
        input_ids, seq_lens, tok_to_orig_start_index, tok_to_orig_end_
index, labels = batch
        logits = model(input_ids=input_ids)
        mask = (input_ids != 0).logical_and((input_ids != 1)).logical_and(
            (input_ids != 2))
        loss = criterion(logits, labels, mask)
        loss.backward()
        optimizer.step()
        lr_scheduler.step()
        optimizer.clear_gradients()
        loss_item = loss.numpy().item()

        if global_step % logging_steps == 0:
            print(
                "epoch: %d / %d, steps: %d / %d, loss: %f, speed: %.2f step/s"
                % (epoch, num_train_epochs, step, steps_by_epoch,
                    loss_item, logging_steps / (time.time() - tic_train)))
            tic_train = time.time()
```

```
    if global_step % save_steps == 0 and global_step != 0:
        print("\n=====start evaluating ckpt of %d steps=====" %
            global_step)
        precision, recall, f1 = evaluate(
            model, criterion, test_data_loader, eval_file_path, "eval")
        print("precision: %.2f\t recall: %.2f\t f1: %.2f\t" %
            (100 * precision, 100 * recall, 100 * f1))
        print("saving checkpoing model_%d.pdparams to %s " %
            (global_step, output_dir))
        paddle.save(model.state_dict(),
                os.path.join(output_dir,
                            "model_%d.pdparams" % global_step))
        model.train()

    global_step += 1
    tic_epoch = time.time() - tic_epoch
    print("epoch time footprint: %d hour %d min %d sec" %
        (tic_epoch // 3600, (tic_epoch % 3600) // 60, tic_epoch % 60))

#定义最终评估
print("\n=====start evaluating last ckpt of %d steps=====" %global_step)
precision, recall, f1 = evaluate(model, criterion, test_data_loader,
eval_file_path, "eval")
print("precision: %.2f\t recall: %.2f\t f1: %.2f\t" %(100 * precision, 100
* recall, 100 * f1))
paddle.save(model.state_dict(), os.path.join(output_dir,
                        "model_%d.pdparams" % global_step))
print("\n=====training complete=====")
```

4. 提交预测结果

加载训练保存的模型后进行预测。

```
!bash predict.sh
```

预测结果会被保存为 data/predictions.json、data/predictions.json.zip，其格式与原数据集文件一致。输出指标为 Precision、Recall 和 F1，Alias file 包含了合法的实体别名，最终评测的时候会使用。

与 Hugging Face 类似，paddlenlp 提供了丰富的预训练模型，如 BERT、RoBERTa、Electra、XLNet 等。

可以选择 RoBERTa large 中文模型优化模型效果，只需更换模型和 tokenizer 即可无缝衔接。

```
from paddlenlp.transformers import RobertaForTokenClassification,
RobertaTokenizer

model = RobertaForTokenClassification.from_pretrained(
    "roberta-wwm-ext-large",
    num_classes=(len(label_map) - 2) * 2 + 2)
tokenizer = RobertaTokenizer.from_pretrained("roberta-wwm-ext-large")
```

5.3 事件抽取

事件抽取是自然语言处理领域中的一项任务，旨在从文本中自动识别和提取出描述事件的信息。这些事件可以是具体的事实，如人物行为、交通事故等；也可以是抽象的概念，如社会事件、政治事件等。

事件抽取通常涉及多个子任务，包括触发词检测、论元识别、事件类型分类等。其中，触发词是指诱发事件发生的单词或短语，如"发生""进行""爆炸"等；而论元则是指与事件相关的实体和关系，如主语、宾语、时间等。通过对这些信息进行分析和提取，可以帮助自然语言处理系统理解文本中的事件信息，并支持事件关系推理、智能问答等应用。

事件抽取通常需要基于机器学习和自然语言处理技术，利用规则、模型和语料库等方法来实现。其中，基于监督学习的方法依赖于大规模标注好的训练数据集，通过学习事件的上下文信息和特征来预测新文本中的事件信息；而基于无监督学习的方法则尝试从未标注的文本中自动学习事件信息。

事件抽取在许多自然语言处理应用中扮演着重要角色，如文本摘要、信息检索、舆情分析等。然而，由于语言表达的多样性和复杂性，事件抽取仍然面临着许多挑战，如歧义性、复杂的事件结构等。

5.3.1 事件抽取模型

事件抽取主要是从非结构化自然语言文本中抽取用户感兴趣的事件相关信息，近年来被广泛应用于信息检索、情报分析、推荐系统等领域。事件抽取主要分为基于模板匹配、基于机器学习和基于深度学习的事件抽取方法，下面侧重介绍基于深度学习的方法。

PLMEE 提供了一种基于 BERT 预处理模型的框架，图 5.30 所示为 PLMEE 架构[13]，目前的预训练模型中 GPT、BERT 比较受欢迎，PLMEE 文献的工作主要分为两个部分：提出了事件提取器 PLMEE 来解决角色重叠问题，另外提出了通过编辑原型自动生成标记数据的方法。

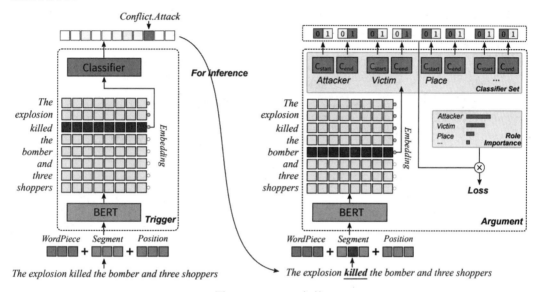

图 5.30　PLMEE 架构

该模型主要分为触发器抽取和元素抽取两部分，两个模块都依赖 BERT 生成的特征表示。

（1）触发器抽取：在 BERT 预训练模型的（基础上添加一个多分类器）预训练模型，触发器的输入遵循 BERT 的 3 种原始输入，在多数情况下，触发器是一个短语，因此将共享相同预测标签的 tokens 视为一个完整的触发词，该部分使用交叉熵损失函数进行调优。

（2）元素抽取：元素抽取面临元素与触发词的依赖问题、元素多为长名词短语和角色重叠问题，针对事件元素是长名词短语和元素角色重叠问题，在 BERT 之上增加多组二分类器，每组分类器为一个角色提供服务，每个角色对应的每组分类器集合确定相应的 span 区间（开始和结束区间），预测结果和元素角色是分开的，一个元素可以有多个角色，一个 token 也能够属于不同的元素，角色重叠的问题也能够因此解决。

图 5.31 所示为生成的流程图[13]，这种方法能够生成可以控制的大量带标注的样本。生成标注样本包括 3 个步骤：预处理、事件生成、打分。

图 5.32 所示为 CASIE 设计流程[14]，CASIE 包括 6 个步骤：事件线索检测、事件参数检测、事件参数和角色链接、事件可能性识别、事件关联、映射到知识图谱。CASIE

从文本中提取有关网络安全事件的信息并填充语义模型集成到知识图谱中。图 5.33 所示为 Attack.Ransom 事件文本示例[14]，图 5.34 所示为 CASIE 架构[14]，在事件检测阶段用预训练模型 BERT 对 Bi-LSTM 进行微调以用于触发词分类，双向 LSTM 网络用于对事件块和事件参数类型进行分类。注意层仅应用于事件参数检测系统。词嵌入层是预构建的 BERT 网络或 Word2vec 嵌入。词嵌入使用 Transfer-Word2vec、Domain-Word2vec、Cyber-Word2vec 和 Pre-built BERT，对上下文无关时使用前两种。

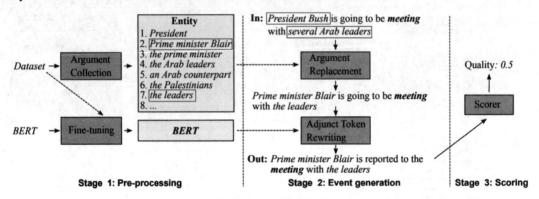

图 5.31　生成的流程图

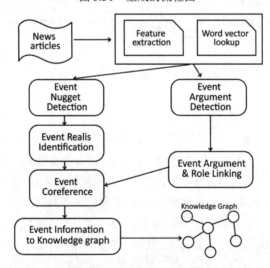

图 5.32　CASIE 设计流程

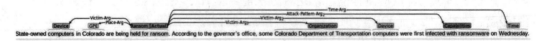

图 5.33　Attack.Ransom 事件文本示例

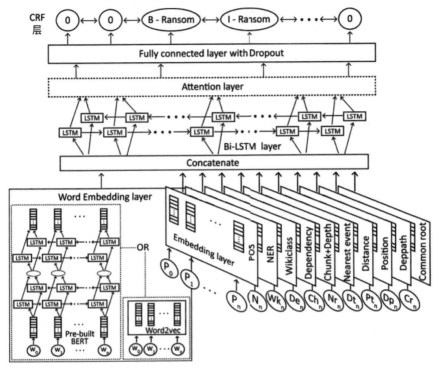

图 5.34　CASIE 架构

5.3.2　事件抽取示例

百度飞桨提供了事件抽取的示例，PaddleNLP 示例-LIC2021 事件抽取任务基线。事件抽取的目标是给定的自然语言的句子，根据预先指定的事件类型和论元角色，识别句子中所有目标事件类型的事件，并根据相应的论元角色集合抽取事件所对应的论元。其中目标事件类型（event_type）和论元角色（role）限定了抽取的范围，如(event_type: 胜负, role: 时间, 胜者, 败者, 赛事名称)、(event_type: 夺冠, role: 夺冠事件, 夺冠赛事, 冠军)。图 5.35 所示为百度飞桨官方网站 PaddleNLP 事件抽取示例。

篇章级事件抽取数据集（DuEE-Fin）是金融领域中篇章级别的事件抽取数据集，在该数据集上基线采用基于 ERNIE 的序列标注。

评测方法如下。

预测论元正确=事件类型和角色相同且论元正确；

P=预测论元正确数量/所有预测论元的数量；

R=预测论元正确数量/所有人工标注论元的数量。

预测论元 F1 值为评价指标，$fl\_score = (2×P×R) / (P + R)$。

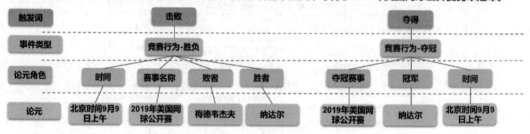

图 5.35　PaddleNLP 事件抽取示例

1．数据预处理并加载

安装飞桨的代码如下。

```
!pip install --upgrade paddlenlp -i https://pypi.org/simple
```

接下来触发词识别，加载数据集 event_extraction/data/DuEE-Fin/trigger，代码如下。

```
import paddle
from utils import load_dict

class DuEventExtraction(paddle.io.Dataset):
    """DuEventExtraction"""
    def __init__(self, data_path, tag_path):

        self.label_vocab = load_dict(tag_path)
        self.word_ids = []
        self.label_ids = []
        with open(data_path, 'r', encoding='utf-8') as fp:
            #跳过首行
            next(fp)
            for line in fp.readlines():
                words, labels = line.strip('\n').split('\t')
                words = words.split('\002')
                labels = labels.split('\002')
                self.word_ids.append(words)
                self.label_ids.append(labels)

        self.label_num = max(self.label_vocab.values()) + 1

    def __len__(self):
```

```
        return len(self.word_ids)

    def __getitem__(self, index):
        return self.word_ids[index], self.label_ids[index]

train_ds = DuEventExtraction('./data/DuEE-Fin/trigger/train.tsv',
'./conf/DuEE-Fin/trigger_tag.dict')
dev_ds = DuEventExtraction('./data/DuEE-Fin/trigger/dev.tsv', './conf/
DuEE-Fin/trigger_tag.dict')

count = 0
for text, label in train_ds:
    print(f"text: {text}; label: {label}")
    count += 1
    if count >= 3:
        break
```

2. 构建模型

模型是基于 ERNIE 开发序列标注模型的。基于序列标注的触发词抽取模型如图 5.36
所示，基于序列标注的论元抽取模型如图 5.37 所示。

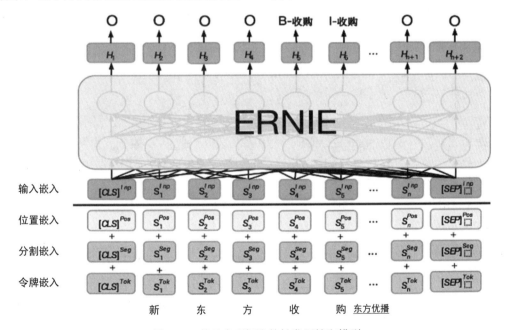

图 5.36　基于序列标注的触发词抽取模型

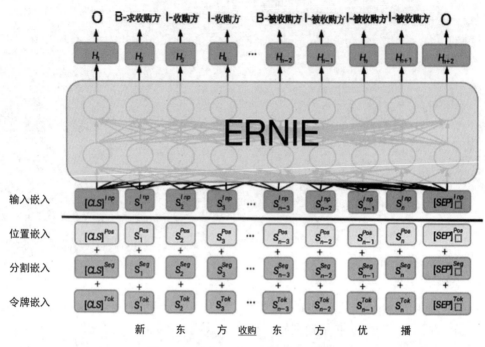

图 5.37　基于序列标注的论元抽取模型

ERNIE 预训练模型的常用序列标注模型的示例加载代码如下。

```
from paddlenlp.transformers import ErnieForTokenClassification,
ErnieForSequenceClassification

label_map = load_dict('./conf/DuEE-Fin/trigger_tag.dict')
id2label = {val: key for key, val in label_map.items()}
model = ErnieForTokenClassification.from_pretrained("ernie-1.0",
num_classes=len(label_map))
```

基于 ERNIE 的枚举属性分类模型原理如图 5.38 所示。

ERNIE 预训练模型的常用文本分类模型的示例加载代码如下。

```
from paddlenlp.transformers import ErnieForSequenceClassification

model = ErnieForSequenceClassification.from_pretrained("ernie-1.0",
num_classes=len(label_map))
```

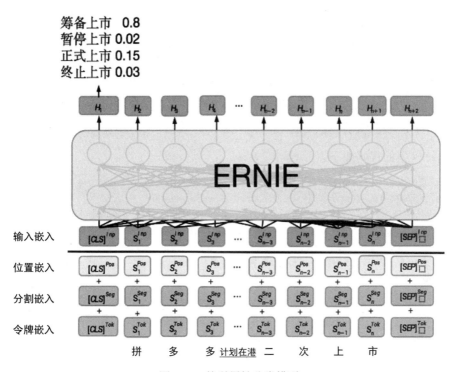

图 5.38　枚举属性分类模型

3. 数据处理

```
from paddlenlp.transformers import ErnieTokenizer, ErnieModel

tokenizer = ErnieTokenizer.from_pretrained("ernie-1.0")
ernie_model = ErnieModel.from_pretrained("ernie-1.0")

#一行代码完成切分 token，映射 token ID 以及拼接特殊 token
encoded_text = tokenizer(text="请输入测试样例", return_length=True, return_
position_ids=True)
for key, value in encoded_text.items():
    print("{}:\n\t{}".format(key, value))

#转换成 paddle 框架数据格式
input_ids = paddle.to_tensor([encoded_text['input_ids']])
print("input_ids : \n\t{}".format(input_ids))

segment_ids = paddle.to_tensor([encoded_text['token_type_ids']])
print("token_type_ids : \n\t{}".format(segment_ids))
```

```
#此时即可输入 ERNIE 模型中得到相应输出
sequence_output, pooled_output = ernie_model(input_ids, segment_ids)
print("Token wise output shape: \n\t{}\nPooled output shape: \n\t{}".
format(sequence_output.shape, pooled_output.shape))
```

ernie-tiny 预训练模型时使用 tokenizer，代码如下。

```
paddlenlp.transformers.ErnieTinyTokenizer.from_pretrained('ernie-tiny')
```

预训练模型的代码如下。

```
from functools import partial
from paddlenlp.data import Stack, Tuple, Pad

def convert_example_to_feature(example, tokenizer, label_vocab=None,
max_seq_len=512, no_entity_label="O", ignore_label=-1, is_test=False):
    tokens, labels = example
    tokenized_input = tokenizer(
        tokens,
        return_length=True,
        is_split_into_words=True,
        max_seq_len=max_seq_len)

    input_ids = tokenized_input['input_ids']
    token_type_ids = tokenized_input['token_type_ids']
    seq_len = tokenized_input['seq_len']

    if is_test:
        return input_ids, token_type_ids, seq_len
    elif label_vocab is not None:
        labels = labels[:(max_seq_len-2)]
        encoded_label = [no_entity_label] + labels + [no_entity_label]
        encoded_label = [label_vocab[x] for x in encoded_label]
        return input_ids, token_type_ids, seq_len, encoded_label


no_entity_label = "O"
#填充标签数值
ignore_label = -1
batch_size = 4
max_seq_len = 300

trans_func = partial(
    convert_example_to_feature,
```

```
        tokenizer=tokenizer,
        label_vocab=train_ds.label_vocab,
        max_seq_len=max_seq_len,
        no_entity_label=no_entity_label,
        ignore_label=ignore_label,
        is_test=False)
batchify_fn = lambda samples, fn=Tuple(
    Pad(axis=0, pad_val=tokenizer.vocab[tokenizer.pad_token]), # input ids
    Pad(axis=0, pad_val=tokenizer.vocab[tokenizer.pad_token]), # token
type ids
    Stack(), # sequence lens
    Pad(axis=0, pad_val=ignore_label) # labels
): fn(list(map(trans_func, samples)))

train_loader = paddle.io.DataLoader(
    dataset=train_ds,
    batch_size=batch_size,
    shuffle=True,
    collate_fn=batchify_fn)
dev_loader = paddle.io.DataLoader(
    dataset=dev_ds,
    batch_size=batch_size,
collate_fn=batchify_fn)
```

4. 定义损失函数和优化器，开始训练

```python
import numpy as np

@paddle.no_grad()
def evaluate(model, criterion, metric, num_label, data_loader):
    """evaluate"""
    model.eval()
    metric.reset()
    losses = []
    for input_ids, seg_ids, seq_lens, labels in data_loader:
        logits = model(input_ids, seg_ids)
        loss = paddle.mean(criterion(logits.reshape([-1, num_label]),
labels.reshape([-1])))
        losses.append(loss.numpy())
        preds = paddle.argmax(logits, axis=-1)
        n_infer, n_label, n_correct = metric.compute(seq_lens, preds,
labels)
        metric.update(n_infer.numpy(), n_label.numpy(), n_correct.
numpy())
```

```
        precision, recall, f1_score = metric.accumulate()
    avg_loss = np.mean(losses)
    model.train()

    return precision, recall, f1_score, avg_loss
    #修改模型参数保存路径，保存模型参数
!mkdir ckpt/DuEE-Fin/trigger/
import warnings
from paddlenlp.metrics import ChunkEvaluator

warnings.filterwarnings('ignore')

learning_rate=5e-5
weight_decay=0.01
num_epoch = 1

checkpoints = 'ckpt/DuEE-Fin/trigger/'

num_training_steps = len(train_loader) * num_epoch
#生成执行权重衰减所需的参数名称
#执行所有偏置和 LayerNorm 参数
decay_params = [
    p.name for n, p in model.named_parameters()
    if not any(nd in n for nd in ["bias", "norm"])
]
optimizer = paddle.optimizer.AdamW(
    learning_rate=learning_rate,
    parameters=model.parameters(),
    weight_decay=weight_decay,
    apply_decay_param_fun=lambda x: x in decay_params)

metric = ChunkEvaluator(label_list=train_ds.label_vocab.keys(), suffix=
False)
criterion = paddle.nn.loss.CrossEntropyLoss(ignore_index=ignore_label)

step, best_f1 = 0, 0.0
model.train()
rank = paddle.distributed.get_rank()
for epoch in range(num_epoch):
    for idx, (input_ids, token_type_ids, seq_lens, labels) in enumerate
(train_loader):
        logits = model(input_ids, token_type_ids).reshape(
            [-1, train_ds.label_num])
```

```
        loss = paddle.mean(criterion(logits, labels.reshape([-1])))
        loss.backward()
        optimizer.step()
        optimizer.clear_grad()
        loss_item = loss.numpy().item()
        if step > 0 and step % 10 == 0 and rank == 0:
            print(f'train epoch: {epoch} - step: {step} (total: {num_
training_steps}) - loss: {loss_item:.6f}')
        if step > 0 and step % 50 == 0 and rank == 0:
            p, r, f1, avg_loss = evaluate(model, criterion, metric,
len(label_map), dev_loader)
            print(f'dev step: {step} - loss: {avg_loss:.5f}, precision:
{p:.5f}, recall: {r:.5f}, ' \
                    f'f1: {f1:.5f} current best {best_f1:.5f}')
            if f1 > best_f1:
                best_f1 = f1
                print(f'==============================================
save best model ' \
                        f'best performerence {best_f1:5f}')
                paddle.save(model.state_dict(), '{}/best.pdparams'.format
(checkpoints))
        step += 1

#保存最终模型
if rank == 0:
    paddle.save(model.state_dict(),
'{}/final.pdparams'.format(checkpoints))
#触发词识别模型训练
!bash run_duee_fin.sh trigger_train
#触发词识别预测
!bash run_duee_fin.sh trigger_predict
#论元识别模型训练
!bash run_duee_fin.sh role_train
#论元识别预测
!bash run_duee_fin.sh role_predict
#枚举分类模型训练
!bash run_duee_fin.sh enum_train
#枚举分类预测
!bash run_duee_fin.sh enum_predict
```

5. 数据后处理，提交结果

```
!bash run_duee_fin.sh pred_2_submit
```

5.4 参 考 文 献

[1] HUANG Z, XU W, YU K. Bidirectional LSTM-CRF models for sequence tagging[J]. arXiv preprint arXiv:1508.01991, 2015.

[2] DEVLIN J, CHANG M W, LEE K, et al. Bert: pre-training of deep bidirectional transformers for language understanding[J]. Proceedings of Annual Conference of the North American Chapter of the Association for Computational Linguistics, 2019: 4171-4186.

[3] VASWANI A, SHAZEER N, PARMAR N, et al. Attention is all you need[J]. Conference and Workshop on Neural Information Processing Systems, 2017: 5998-6008.

[4] SUTSKEVER I, VINYALS O, LE O V. Sequence to sequence learning with neural networks[J]. In Proceedings of the 27th International Conference on Neural Information Processing Systems, 2014: 3104-3112.

[5] BAHDANAU D, CHO K, BENGIO Y. Neural machine translation by jointly learning to align and translate[J]. arXiv preprint arXiv, 2014: 1409-0473.

[6] RADFORD A, NARASIMHAN K, SALIMANS T, et al. Improving language understanding by generative pre-training[EB/OL]. (2018)[2023-5-27]. https://openai.com/index/language-unsupervised/.

[7] PETERS M E, NEUMANN M, IYYER M, et al. Deep contextualized word representations[J]. In Proceedings of the 2018 Conference of the North American Chapter of the Association for Computational Linguistics: Human Language Technologies, Volume 1 (Long Papers), 2018: 2227-2237.

[8] BERT[EB/OL]. https://huggingface.co/docs/transformers/model_doc/bert.

[9] BEKOULIS G, DELEU J, DEMEESTER T,et al. Joint entity recognition and relation extraction as a multi-head selection problem[J]. Expert Systems with Applications, 2018: 34-45.

[10] YU B, ZHANG Z, SHU X, et al. Joint extraction of entities and relations based on a novel decomposition strategy[J]. arXiv preprint arXiv:1909.04273,2019.

[11] ZENG D, ZHANG H, LIU Q. CopyMTL: copy mechanism for joint extraction of entities and relations with multi-task learning[J]. Proceedings of the AAAI Conference on Artificial Intelligence, 2020: 9507-9514.

[12] WEI Z, SU J, WANG Y, et al. A novel cascade binary tagging framework for

relational triple extraction[J]. In proceedings of the 58th Annual Meeting of the Association for Computational Linguistics, 2020: 1476-1488.

[13] YANG S, FENG D, QIAO L, et al. Exploring pre-trained language models for event extraction and generation[J]. In Proceedings of the 57th Annual Meeting of the Association for Computational Linguistics, 2019: 5284-5294.

[14] SATYAPANICH T, FERRARO F, FININ T. Casie: extracting cybersecurity event information from text[J]. Association for the Advancement of Artificial Intelligence At: New York, NY, 2020: 8749-8757.

第 6 章
知识存储

本章主要介绍知识存储。知识存储是指将知识图谱中的数据存储在专门设计的数据库中的过程。它是为了支持高效的数据查询、图分析和知识推理而创建的。在知识存储中，数据以图的形式组织，由节点和关系构成，节点表示实体，关系表示实体之间的连接。知识存储工具提供了功能强大的查询语言和算法，使用户可以方便地查询和分析知识图谱数据。知识存储工具通常具有高度可扩展性，能够处理大规模的图数据集。

常用的知识存储工具包括 Neo4j 和 Virtuoso，它们提供了丰富的功能和工具，支持开发人员快速构建应用程序和数据分析工具。通过知识存储，我们能够更好地管理和利用知识图谱数据，从而推动知识发现、智能推荐、自然语言处理等领域的发展。

6.1 知识存储工具

知识存储按照存储结构可以分为基于表结构的知识存储和基于图结构的知识存储。基于表结构的存储代表是关系型数据库，基于图结构的存储代表是图数据库。相较于关系型数据库复杂的 join 等操作，在图数据库中，关系以更加灵活的方式与节点（数据元素）一起存储在本地，且针对快速遍历数据进行了优化。图结构相较于其他数据结构，能保存更多的数据之间的关系。

目前，图数据库广泛应用在知识图谱的数据存储上，常见的图数据库有基于 SPARQL 语言的 Virtuoso、基于 Cypher 语言的 Neo4j 和其他数据库。

6.1.1 Neo4j

Neo4j 具备简单的查询语言 CQL。Neo4j CQL 查询语言简单易学且可以运行在自带的一个用于执行 CQL 命令的 UI（Neo4j 数据浏览器）中。Neo4j 可以非常容易地表示半结构化数据，且可以将查询的数据导出为 JSON 和 XML 格式。另外，它还提供了 REST API，可以供多种语言访问。由于节点和关系的有效表示，Neo4j 支持在中等硬件上扩展数十亿个节点。灵活的属性图模式可以随时间的推移进行调整，从而可以具体化和添加新关系，以便在业务需求变化时快速调整数据。

1. Neo4j 安装与使用

在 Neo4j 中，图数据库数据模型主要包括节点、关系和属性，图 6.1 所示为 Neo4j 官方文档关于属性图的示例。

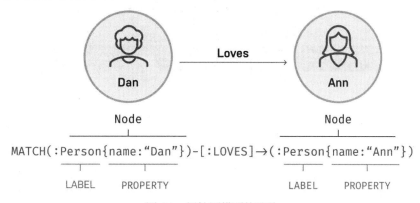

图 6.1   属性图模型构建块

节点是图 6.1 中的实体，关系在两个节点实体之间提供定向的、命名的连接。图形以属性的形式将数据存储在节点和关系中。属性是用于表示数据的键值对。

Neo4j 是一个开源的 NoSQL、原生图形数据库，是用 Java 和 Scala 编写的，其源代码在 GitHub 上已发布（https://github.com/neo4j/neo4j）。Neo4j 提供社区版和企业版两个版本。关于 Neo4j 的部署存在多种部署方式：本地服务器部署、使用预构建映像在云中自托管，或使用 Neo4j Aura（在线图形数据库）。Neo4j Aura 包含 Neo4j AuraDB 和 Neo4j AuraDS。Neo4j AuraDB 是面向开发人员构建智能应用程序的图形数据库服务；Neo4j AuraDS 是面向数据人员构建预测模型和分析的图形数据科学服务，主要通过两个组件，即 Neo4j Database、Graph Data Science 运行图形算法。其中，Neo4j Database 用于加载和存储图形数据，执行 Cypher 查询和数据库操作；而 Graph Data Science 的主要目的是在 Neo4j 数据库数据的内存投影上运行图形算法。

Neo4j 还提供了众多开发者工具，包括 Neo4j Browser、Neo4j Operations Manager、Data Importer、Neo4j Bloom 等。Neo4j Browser 即在线浏览器界面，使用 Cypher 语言的基本可视化功能。Neo4j Operations Manager 是一种数据库管理系统。Data Importer 是一种加载数据工具，可以用于加载.csv 等格式文件数据到 Neo4j 数据库中。Neo4j Bloom 是一种面向业务用户的可视化工具，主要用于查看和分析数据。除此之外的其他工具可以通过官方文档查询使用。

Neo4j 图形化数据平台组件如图 6.2 所示（图片来源于 Neo4j 官网）。

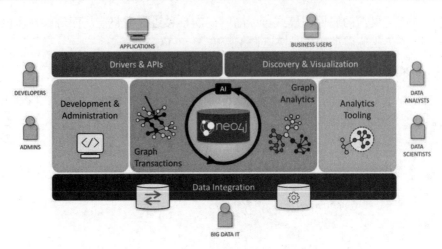

图 6.2　Neo4j 图形化数据平台组件

Neo4j 的官方文档地址为 https://neo4j.com/docs/getting-started/current/。

以 Windows 平台本地部署为例，启动 Neo4j 平台，命令如下，Neo4j Windows 启动页面如图 6.3 所示。

```
neo4j.bat console
```

```
Starting Neo4j.
2022-08-17 03:17:20.429+0000 INFO  Starting...
2022-08-17 03:17:21.890+0000 INFO  ======== Neo4j 4.3.17 ========
2022-08-17 03:17:24.283+0000 INFO  Initializing system graph model for component 'security-users' with version -1 and st
atus UNINITIALIZED
2022-08-17 03:17:24.287+0000 INFO  Setting up initial user from defaults: neo4j
2022-08-17 03:17:24.287+0000 INFO  Creating new user 'neo4j' (passwordChangeRequired=true, suspended=false)
2022-08-17 03:17:24.290+0000 INFO  Setting version for 'security-users' to 3
2022-08-17 03:17:24.291+0000 INFO  After initialization of system graph model component 'security-users' have version 3
and status CURRENT
2022-08-17 03:17:24.293+0000 INFO  Performing postInitialization step for component 'security-users' with version 3 and
status CURRENT
2022-08-17 03:17:24.736+0000 INFO  Bolt enabled on activate.navicat.com:7687.
2022-08-17 03:17:25.112+0000 INFO  Remote interface available at http://localhost:7474/
2022-08-17 03:17:25.112+0000 INFO  Started.
```

图 6.3　Neo4j Windows 启动页面

打开网址 http://localhost:7474/，后台需要一直运行 Neo4j 的服务。

初始用户和密码均为 neo4j，启动后需要重新设置密码，Neo4j 浏览器初始化页面如图 6.4 所示。

Neo4j 启动成功后的页面如图 6.5 所示。

Neo4j 服务器创建切换数据库需要通过配置文件指定目标数据库，切换数据库时必须关闭服务器，然后修改配置文件，在 neo4j/data/databases 目录下可以创建新的数据库，在 neo4j/config/neo4j.conf 配置文件中修改 dbms.default_database 参数，即修改 dbms.default_database=数据库名。

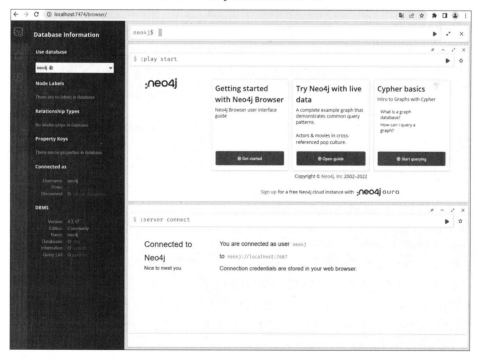

图 6.4　Neo4j 浏览器初始化页面

图 6.5　Neo4j 启动成功后页面

2．Cypher

Cypher 是 Neo4j 图数据库的查询语言，用于操作和查询图中的节点和关系。下面是使用 Cypher 语言的示例。

1）建立 People 标签的节点并设置属性

Neo4j 创建节点代码如下，界面如图 6.6 所示。

```
CREATE (:People {name: '项羽', gender: 'man'})
```

上述语句创建了一个没有具体标识的节点，标签为 People，属性包括 name 和 gender，分别设置为"项羽"和 man。

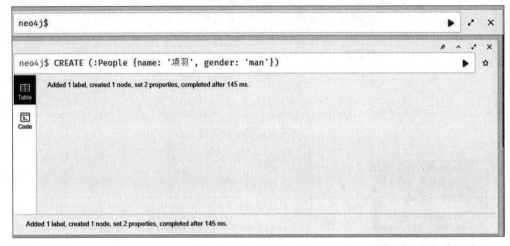

图 6.6　Neo4j 创建节点

2）创建关系

要建立"虞姬"节点并与"项羽"节点之间建立关系，可以使用以下 Cypher 查询语句。

```
CREATE (p1:People {name: '虞姬', gender: 'women'})
WITH p1
MATCH (p2:People {name: '项羽'})
CREATE (p2)-[:Wife]->(p1)
```

上述查询中，首先使用 CREATE 子句创建一个名为"虞姬"、性别为 women 的节点。然后，使用 MATCH 子句找到名称为"项羽"的节点。最后，使用 CREATE 子句建立"虞姬"节点和"项羽"节点之间的关系，关系类型为 Wife，表示婚姻关系。创建关系如图 6.7 所示。

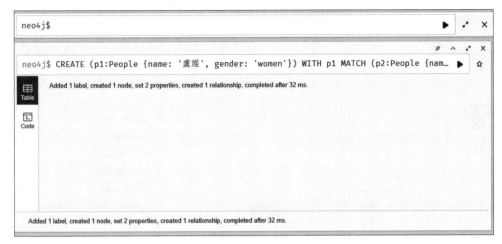

图 6.7 创建关系

执行上述查询后,"虞姬"节点将被创建,并与"项羽"节点之间建立一个 Wife 类型的关系,表示"虞姬"是"项羽"的妻子。

请注意,该查询"项羽"节点已经存在,并且"虞姬"节点尚未创建。如果"项羽"节点不存在,可能需要先创建该节点。如果关系已存在,则不会重复创建。

通过建立节点和关系,可以更好地描述实体之间的关联关系,使知识图谱更加丰富和准确。这样可以更好地表示现实世界中的实体和它们之间的关系,为知识图谱的应用和分析提供更有意义的数据。

要删除两个节点之间的关系,可以使用 Cypher 查询语句中的 DELETE 子句。以下是一个示例。

```
MATCH (p1:People {name: '项羽'})-[r:Wife]->(p2:People {name: '虞姬'})
DELETE r
```

上述查询中,我们使用 MATCH 子句找到名称为"项羽"和"虞姬"的节点之间的 Wife 类型关系。然后,使用 DELETE 子句删除这两个节点之间的关系。

执行上述查询后,"项羽"节点和"虞姬"节点之间的 Wife 类型关系将被删除。

请注意,该查询中假设"项羽"节点和"虞姬"节点之间已经存在一个 Wife 类型的关系。如果关系不存在,则不会进行任何操作。

通过删除关系,我们可以修改知识图谱中节点之间的连接和关联关系。这有助于更新图数据库中的数据,并确保知识图谱的准确性和一致性。

3)查询节点和关系

查询节点和关系是知识图谱中常见的操作,它可以帮助我们理解和分析图数据库中存储的数据。以下是关于查询节点和关系的概述,并给出一些示例查询。图 6.8 所示为

Neo4j 查询节点示例。

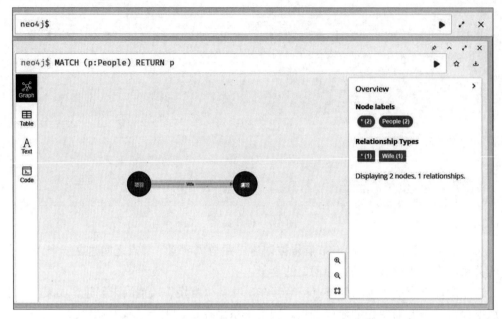

图 6.8　Neo4j 查询节点示例

（1）查询所有节点，该查询将返回图数据库中的所有节点。

```
MATCH (n) RETURN n
```

（2）查询特定标签的节点，该查询将返回所有标签为 People 的节点。

```
MATCH (p:People) RETURN p
```

（3）查询带有属性的节点，该查询将返回名称为"项羽"的节点。

```
MATCH (p:People {name: '项羽'})
RETURN p
```

（4）查询特定类型的关系，该查询将返回所有类型为 Wife 的关系。

```
MATCH ()-[r:Wife]->()
RETURN r
```

（5）查询特定节点之间的关系，该查询将返回"项羽"节点与"虞姬"节点之间的
关系。

```
MATCH (p1:People)-[r]->(p2:People)
WHERE p1.name = '项羽' AND p2.name = '虞姬'
RETURN r
```

4）修改节点

修改节点是指对知识图谱中的节点进行属性、关系和标签的更改操作。通过修改节点，可以更新节点的属性值、建立或删除与其他节点的关系，以及调整节点的标签分类。

（1）修改属性：可以针对节点的特定属性进行修改，更新属性的值或添加新的属性。例如，可以修改"项羽"节点的年龄属性，将其更新为最新的年龄信息。

（2）建立关系：节点之间的关系是知识图谱中的重要信息，通过建立新的关系或修改现有的关系，可以更新节点之间的连接和关联。例如，在"项羽"节点中建立新的关系，表示他与其他人物之间的关系。

（3）删除关系：如果节点之间的关系发生变化或不再存在，可以删除节点之间的关系。这可以通过删除特定关系的方式来实现。例如，如果将"项羽"和"虞姬"之间的婚姻关系解除，可以删除两个节点之间的婚姻关系。

（4）调整标签：节点的标签用于对节点进行分类和组织，通过修改节点的标签，可以更好地对节点进行分类和检索。例如，可以为"项羽"节点添加新的标签，将其分类为"名人"或"历史人物"。

修改节点是知识图谱维护和更新的重要操作之一。通过对节点进行修改，可以保持知识图谱的准确性和完整性，反映实体之间的变化和新的关联关系。修改节点是一个灵活的过程，可以根据实际需求对节点进行适时的修改和调整，以确保知识图谱始终与现实世界保持一致。

修改属性语句示例如下（见图 6.9）。

```
MATCH (p:People {name: '项羽'})
SET p.birthplace = '泗水郡下相县'
```

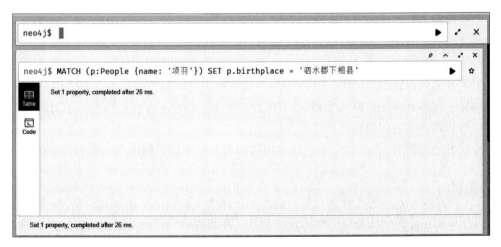

图 6.9　Neo4j 修改节点

图 6.10 为 Neo4j 修改节点后查询数据展示。

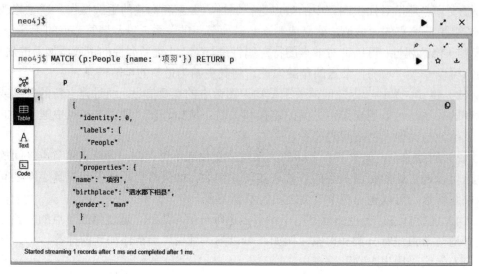

图 6.10   Neo4j 修改节点后查询数据展示

5）删除节点

删除节点是知识图谱维护和更新的重要操作之一。它允许我们从图数据库中移除不再需要的节点，以保持知识图谱的准确性和一致性。删除节点是通过 Cypher 查询语句中的 DELETE 子句来实现的。首先使用 MATCH 子句定位到需要删除的节点，然后在 DELETE 子句中指定要删除的节点。

假设我们要删除名为"项羽"的节点及其相关的关系，可以执行以下查询删除指定节点，语句如下。

```
MATCH (p:People {name: '项羽'})
DETACH DELETE p
```

上述查询中，我们使用 MATCH 子句找到名称为"项羽"的节点，并使用 DETACH DELETE 子句将其从图数据库中删除。DETACH DELETE 不仅会删除节点本身，还会删除节点与其他节点之间的所有关系。

执行上述查询后，"项羽"节点及其相关的关系将从图数据库中完全移除。

注意

在执行节点删除操作时要谨慎，确保删除的节点和相关关系是正确的。删除节点可能会导致相关数据的丢失，因此在进行节点删除操作时建议先进行备份，并确保清楚了解删除操作的影响。

删除节点操作可以用于数据清理、更新和修正等场景，确保知识图谱的数据始终保持最新和准确。

6）常用的语句

☑ MATCH：匹配图模式，从图中获取数据的常见方式。

☑ WHERE：不是独立的语句，而是 MATCH、OPTION MATCH 和 WITH 的一部分，用于给模式添加约束或者过滤传递给 WITH 的中间结果。

☑ CREATE 和 DELETE：创建和删除节点关系。

☑ SET 和 REMOVE：使用 SET 设置属性值并给节点添加标签，使用 REMOVE 移除它们。

☑ MERGE：匹配已经存在的节点和模式，或者创建新节点和模式，对于有唯一性约束的情况非常有用。

☑ RETURN：定义返回的结果。

3. Py2neo

Py2neo 是一个用于 Python 的 Neo4j 图数据库驱动程序。它提供了一种简单而强大的方式与 Neo4j 数据库进行交互。以下是 Py2neo 的一些特点。

（1）与 Neo4j 的完整交互：Py2neo 提供了与 Neo4j 数据库的完整交互功能。它支持节点和关系的创建、修改、删除，以及基于 Cypher 查询语言进行数据查询和图分析。

（2）面向对象的数据模型：Py2neo 使用面向对象的数据模型，使对图数据库中的节点和关系进行操作更加直观和方便。通过 Python 对象的方式，可以轻松地表示和操作图中的实体。

（3）灵活的数据导入和导出：Py2neo 提供了数据导入和导出功能，可以将数据从其他数据源导入 Neo4j 数据库中，或将 Neo4j 数据库中的数据导出为其他格式。

（4）支持 Cypher 查询语言：Py2neo 充分支持 Cypher 查询语言，它允许开发人员使用简洁而强大的查询语法来查询和分析 Neo4j 数据库中的数据。

当使用 Python 与 Neo4j 进行交互时，可以使用 Py2neo 库来方便地进行节点操作、查询和图分析。Py2neo 是一个强大的 Python 库，提供了对 Neo4j 数据库的完整访问接口。安装 Py2neo 时要注意版本的兼容性，这里使用的是 neo4j-community-4.3.17，需要安装的 Py2neo 版本为 py2neo-4.3.0。

下面是使用 Py2neo 库创建"项羽"和"虞姬"之间关系的示例。

```
from py2neo import Graph, Node, Relationship

#连接到 Neo4j 数据库
graph = Graph("http://localhost:7474/", auth=("neo4j", "123456"))
```

```
#创建"项羽"节点
xiang_yu = Node("Person1", name="项羽")
graph.create(xiang_yu)

#创建"虞姬"节点
yu_ji = Node("Person1", name="虞姬")
graph.create(yu_ji)

#建立"项羽"和"虞姬"之间的关系
relationship = Relationship(xiang_yu, "妻子", yu_ji)
graph.create(relationship)

#查询"项羽"节点及其关系
result = graph.run("MATCH (p:Person1 {name: '项羽'})-[r]->() RETURN p, r")
for record in result:
    print(record["p"], record["r"])

#删除"项羽"和"虞姬"之间的关系
graph.separate(xiang_yu, "妻子", yu_ji)

#删除"项羽"和"虞姬"节点
graph.delete(xiang_yu)
graph.delete(yu_ji)
```

在上述示例中，首先创建了"项羽"和"虞姬"两个节点，分别表示他们的个人信息。然后，通过创建一个"妻子"关系，将"项羽"和"虞姬"节点关联起来。

在查询部分，使用 Cypher 语句查询"项羽"节点及其关系，并打印出结果。

最后，我们分别删除了"项羽"和"虞姬"之间的关系，以及两个节点本身。

6.1.2 Virtuoso

1. Virtuoso 安装和使用

Virtuoso 的安装步骤如下。

1）下载 Virtuoso 的安装包

可以从 OpenLink Software 的官方网站下载 Virtuoso 的安装包，或者从地址 https://sourceforge.net/projects/virtuoso/files/下载，确保选择适合当前操作系统的版本。

2）安装配置 Virtuoso

以 Windows 平台为例，首先下载安装包 Virtuoso_Open_Source_Edition_for_Windows.exe，

按默认设置进行安装,安装的 Windows 版本为 Virtuoso OpenSource 7.2。然后安装 VC++ 2012、VC++ 2010 插件补丁。设置环境变量和计算机 ODBC 数据源,以便使用 Python 和 Virtuoso 交互,可以调用 pyodbc 库访问 Virtuoso 数据库数据。设置计算机 ODBC 数据源如图 6.11 所示。

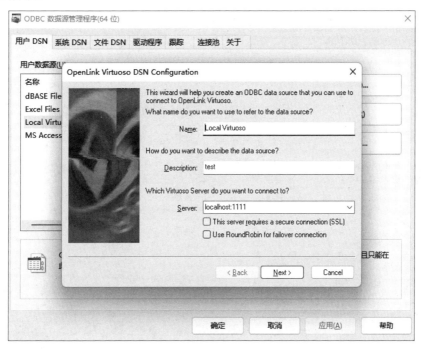

图 6.11 设置计算机 ODBC 数据源

3)创建启动服务

切换到 Virtuoso 的 database 目录,创建 Virtuoso 的服务。

```
virtuoso-t +service screate +instance "Instance Name" +configfile
virtuoso.ini
```

启动服务。

```
virtuoso-t +instance "Instance Name" +service start
```

4)访问 Virtuoso

访问 http://localhost:8890/,图 6.12 所示表示 Virtuoso 安装成功页面。

登录成功后,进入 Virtuoso 管理页面(见图 6.13),即 http://localhost:8890/conductor/main_tabs.vspx。

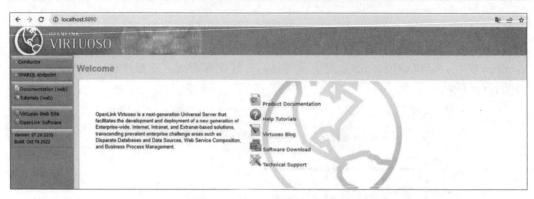

图 6.12　Virtuoso 安装成功页面

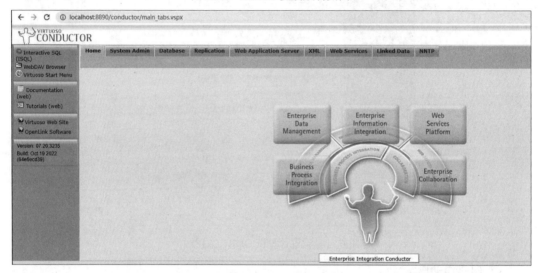

图 6.13　Virtuoso 数据库管理页面

登录成功后依次单击 Linked Data→Graphs→Graphs，可以查看当前数据库中所有的 Graphs，类似图数据表，Virtuoso Graphs 数据内容如图 6.14 所示。

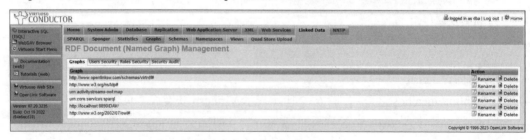

图 6.14　Virtuoso Graphs 数据

2. Virtuoso 访问

Virtuoso 访问，使用 pyodbc 连接数据库，使用的 Python 版本为 Python 3。首先使用 pip 命令（pip install pyodbc）安装 pyodbc 库，下面是使用代码。

```
#导入pyodbc: 在Python代码中导入pyodbc模块
import pyodbc
#建立数据库连接: 使用pyodbc的connect函数建立与Virtuoso数据库的连接。指定数据库
的连接字符串，包括数据库的主机地址、端口号、用户名、密码等信息
cnxn = pyodbc.connect('DSN=Local Virtuoso;UID=dba;PWD=dba')
print(cnxn)
#创建游标: 使用连接对象的cursor方法创建一个游标对象，用于执行SQL查询和操作
cursor = cnxn.cursor()
with cnxn:
#执行SQL查询: 使用游标对象的execute方法执行 SQL 查询
    cursor.execute("SPARQL SELECT ?subject ?object WHERE { ?subject
rdfs:subClassOf ?object }")
#处理查询结果: 使用游标对象的fetchall或etchone方法获取查询结果。可以使用循环逐行
处理结果集
rows = cursor.fetchall()
for row in rows:
    print(row)
cnxn.commit()
#关闭连接和游标: 使用close方法关闭游标和连接，释放数据库资源
cnxn.close()
```

运行成功，结果如下。

```
('http://www.w3.org/2002/07/owl#InverseFunctionalProperty',
'http://www.w3.org/2002/07/owl#ObjectProperty')
('http://www.w3.org/2002/07/owl#FunctionalProperty',
'http://www.w3.org/1999/02/22-rdf-syntax-ns#Property')
('http://www.w3.org/2002/07/owl#SymmetricProperty',
'http://www.w3.org/2002/07/owl#ObjectProperty')
('http://www.w3.org/2002/07/owl#TransitiveProperty',
'http://www.w3.org/2002/07/owl#ObjectProperty')
('http://www.w3.org/2002/07/owl#Class',
'http://www.w3.org/2000/01/rdf-schema#Class')
('http://www.w3.org/2002/07/owl#OntologyProperty',
'http://www.w3.org/1999/02/22-rdf-syntax-ns#Property')
('http://www.w3.org/2002/07/owl#AnnotationProperty',
'http://www.w3.org/1999/02/22-rdf-syntax-ns#Property')
('http://www.w3.org/2002/07/owl#Restriction',
'http://www.w3.org/2002/07/owl#Class')
```

```
('http://www.w3.org/2002/07/owl#ObjectProperty',
'http://www.w3.org/1999/02/22-rdf-syntax-ns#Property')
('http://www.w3.org/2002/07/owl#DatatypeProperty',
'http://www.w3.org/1999/02/22-rdf-syntax-ns#Property')
('http://www.w3.org/2002/07/owl#DeprecatedClass',
'http://www.w3.org/2000/01/rdf-schema#Class')
('http://www.w3.org/2002/07/owl#DeprecatedProperty',
'http://www.w3.org/1999/02/22-rdf-syntax-ns#Property')
('http://www.w3.org/ns/ldp#BasicContainer',
'http://www.w3.org/ns/ldp#Container')
('http://www.w3.org/ns/ldp#DirectContainer',
'http://www.w3.org/ns/ldp#Container')
('http://www.w3.org/ns/ldp#IndirectContainer',
'http://www.w3.org/ns/ldp#Container')
```

6.1.3　SPARQL

SPARQL 的全称为 SPARQL Protocol and RDF Query Language，是一种 RDF 查询语言，可用于数据库查询。Virtuoso 数据库支持 SPARQL 查询，SPARQL 能够检索和操作以资源描述框架（RDF）格式存储的数据。SPARQL 语言已被万维网联盟（W3C）正式推荐，并广泛认可为语义网的核心技术之一。

RDF 是 Web 上数据交换的标准模型。RDF 具有促进数据合并的特性。其扩展了 Web 的链接结构，使用 URI 来命名事物之间的关系以及链接的两端（这通常称为"三元组"）。"三元组"是 RDF 的核心概念，指的是两个事物和它们之间的关系，在语法上呈现为"主语+谓语+宾语"。

大多数形式的 SPARQL 都包含一种三元组模式，类似于 RDF 三元组，主语、谓语和宾语中的每一个都可以是一个变量，来自该子图的 RDF 术语可以替换变量，当结果是与子图等效的 RDF 图时，与 RDF 数据的子图匹配。

我们可以通过学习 SPARQL 的语法和用法来深入了解如何编写 SPARQL 查询。W3C 的官方网站提供了 SPARQL 1.1 查询语言的规范文档，可以在 https://www.w3.org/TR/sparql11-query/网址找到该规范。这个规范文档详细介绍了 SPARQL 的语法、查询模式、函数和操作符等方面的内容。我们可以通过阅读该文档来学习如何编写符合 SPARQL 标准的查询语句，并利用 SPARQL 查询语言进行数据检索和分析。

通过使用 SPARQL，用户可以查询和过滤 RDF 图中的数据，从中提取有用的信息，回答特定的问题或满足特定的需求。用户可以通过指定主语、谓词和宾语等条件，使用图模式进行匹配，并使用 SELECT、CONSTRUCT、ASK 或 DESCRIBE 等查询形式来获取所需的结果。

注意

> SPARQL 查询是针对语义网数据的，因此用户需要有一个包含 RDF 数据的图形数据库或三元组存储。根据具体应用场景，用户可以使用不同的 RDF 存储系统，如 Virtuoso、Apache Jena 等。

以下是 SPARQL 的常见操作和语法示例。

（1）查询数据。

☑　SELECT：用于返回查询结果中的变量列表。

☑　WHERE：用于指定查询模式和条件。

☑　FILTER：用于对查询结果进行过滤。

☑　ORDER BY：用于对结果进行排序。

☑　LIMIT 和 OFFSET：用于限制结果的数量和偏移量。

（2）插入数据。

☑　INSERT DATA：用于向图形中插入新的三元组数据。

☑　INSERT INTO：用于将一个图形插入到目标图形中。

（3）更新数据。

☑　DELETE DATA：用于从图形中删除指定的三元组数据。

☑　DELETE WHERE：用于删除满足条件的三元组数据。

（4）删除数据。

DROP GRAPH：用于删除整个图形。

1．SPARQL 查询

下面介绍一个简单的 SPARQL 查询示例（W3C 官方示例）。

RDF 示例数据如下。

```
<http://example.org/book/book1> <http://purl.org/dc/elements/1.1/title>
"SPARQL 教程"。
```

查询语句如下。

```
SELECT ?title
WHERE
{
  <http://example.org/book/book1> <http://purl.org/dc/elements/1.1/
title> ?title .
}
```

查询结果如下。

标题
"SPARQL 教程"

SELECT 查询是 SPARQL 中最常用的查询形式之一，用于从 RDF 图中获取所需的数据。一个典型的 SELECT 查询包括以下 5 个部分。

（1）前缀定义（prefix definition）。

在查询中使用了相对国际化资源标识符（Internationalized Resource Identifier，IRI），可以通过定义前缀来简化 IRI 的使用。前缀定义使用 PREFIX 关键字，指定前缀名称和对应的命名空间 URI，例如以下代码。

```
PREFIX rdf: <http://www.w3.org/1999/02/22-rdf-syntax-ns#>
PREFIX foaf: <http://xmlns.com/foaf/0.1/>
```

（2）结果变量定义（result variable definition）。

需要定义查询结果中要获取的数据项。这些数据项可以是主语、谓词、宾语或字面量等。使用 SELECT 关键字时，后面要跟着要获取的变量列表，例如以下代码。

```
SELECT ?name ?age ?city
```

（3）数据集定义（dataset definition）。

这一部分是可选的，用于指定查询相关的数据集。数据集定义在 FROM 和 WHERE 子句之间。在 SPARQL 1.1 中，可以使用 FROM 和 FROM NAMED 子句指定具体的数据集，例如以下代码。

```
FROM <http://example.org/graph1>
FROM NAMED <http://example.org/graph2>
```

（4）条件定义（condition definition）。

在 WHERE 子句中定义查询的条件。这些条件可以包括三元组模式、过滤条件、正则表达式等，用于筛选满足条件的数据，例如以下代码。

```
WHERE {
  ?person foaf:name ?name ;
          foaf:age ?age ;
          foaf:city ?city .
  FILTER (?age > 18)
}
```

（5）结果修饰符（result modifiers）。

这部分是可选的，用于对查询结果进行修饰和限制。例如，使用 LIMIT 关键字限制查询结果的数量，使用 ORDER BY 关键字对结果进行排序，使用 OFFSET 关键字设置结果的偏移量等，例如以下代码。

```
ORDER BY ?age
LIMIT 10
```

SPARQL 语句中 SELECT 查询结构如下。

```
#如果使用相对 IRI，则声明前缀
PREFIX  foo : <...> #前缀名称和冒号之间没有空格
PREFIX  ...
...

SELECT  ...  #SELECT 子句：结果定义

#(SPARQL 1.1)定义数据集（可选）
FROM  <...>
FROM NAMED  <...>

#WHERE 子句：必须满足的条件
WHERE  {
  ...
}

#Result 修饰符（可选）
GROUP BY ... #SPARQL 1.1
HAVING ... #SPARQL 1.1
ORDER BY ...
LIMIT ...
OFFSET ...
BINDINGS ... #SPARQL 1.1
```

在 SPARQL 中，查询可以包含相对 IRI。必须在编写查询之前声明前缀，示例如下。

```
PREFIX rdf: <http://www.w3.org/1999/02/22-rdf-syntax-ns#>
PREFIX rdfs: <http://www.w3.org/2000/01/rdf-schema#>
PREFIX owl: <http://www.w3.org/2002/07/owl#>
PREFIX xsd: <http://www.w3.org/2001/XMLSchema#>
PREFIX dc: <http://purl.org/dc/elements/1.1/>
PREFIX foaf: <http://xmlns.com/foaf/0.1/>
SELECT ...
```

查询中的变量以字符"?"开头并且这个字符不是变量名的一部分。变量名称不得以数字开头，区分大小写，不得包含空格，且必须有意义，用作 SPARQL 1.0 输出中的列名。

　　DBpedia 站点是一个旨在从维基百科项目中提取结构化内容的资源库。它允许用户语义查询维基百科资源的关系和属性，并提供其他相关数据集的链接。DBpedia 包含数亿个三元组，提供了丰富的知识图谱数据。

　　我们可以在 DBpedia 网站上进行语义查询维基百科数据的练习和测试。DBpedia 网站的网址为 https://dbpedia.org/，用户可以访问该网站了解更多关于 DBpedia 的信息。此外，DBpedia 还提供了一个在线的 SPARQL 练习地址（https://dbpedia.org/sparql），可以在该页面上编写和执行 SPARQL 查询，并从 DBpedia 的知识图谱中检索数据。

　　通过利用 DBpedia 中丰富的知识图谱数据和进行 SPARQL 查询的能力，可以从维基百科资源中获取有价值的结构化信息，并进行各种有趣的数据分析和知识发现任务。在线 SPARQL Query Editor 如图 6.15 所示。

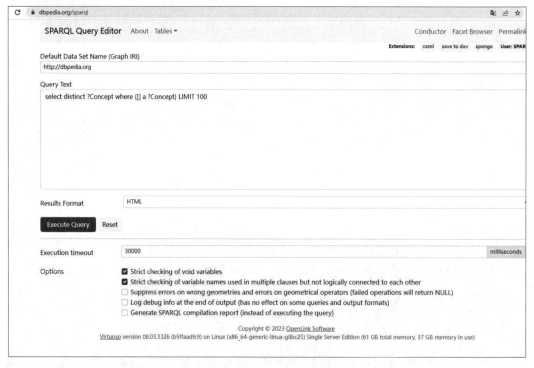

图 6.15　在线 SPARQL Query Editor

　　DBpedia 从维基百科页面中提取事实信息，用户可以在信息散布于多篇维基百科文章的情况下找到问题的答案，使用 SPARQL 查询语言访问数据。下面提供了几个 SPARQL 查询示例用于练习查询关键词。

接下来查询清华大学相关信息，图 6.16 所示为 SPARQL 查询页面，SPARQL 查询语句如下。

```
select *
where {<http://dbpedia.org/resource/Tsinghua_University> ?a ?b} LIMIT 100
```

图 6.16　SPARQL 查询页面

SPARQL 查询结果如图 6.17 所示。

当使用 SPARQL 查询语言进行数据检索时，可以通过 WHERE 子句指定查询条件，类似于 SQL 中的 WHERE 子句。下面是一个示例查询，用于查询中国的首都。

```
select distinct ?c where
{
<http://dbpedia.org/resource/China>
<http://dbpedia.org/property/capital> ?c
}
```

查询结果如下。

```
http://dbpedia.org/resource/Beijing
```

SPARQL	HTML5 table
http://www.w3.org/2000/01/rdf-schema#comment	جامعة تقع في بكين بالصين. أنشأت عام 1911 م Qinghuá Dàxué؛ بالبيينين؛ جامعة تسينغ - هوا ؛تسينغهوا؛ الصينية التقليدية ؛بالصينية المبسطة清华大学؛清華大學
http://www.w3.org/2000/01/rdf-schema#comment	"La Universitat Tsinghua (en xinès tradicional: 清華大學, xinès simplificat: 清华大学, pinyin: Qinghuá Dàxué) és una universitat que es troba a Pequín,
http://www.w3.org/2000/01/rdf-schema#comment	"Univerzita Čching-chua (čínsky v českém přepisu Čching-chua Ta-süe, pchin-jinem Qinghuá Dàxué, znaky zjednodušené 清华大学, tradiční 清華大學, přepisov
http://www.w3.org/2000/01/rdf-schema#comment	"Tsinghua Unibertsitatea (txinera tradizionalez: 清華大學; txinera sinplifikatuz: 清华大学; pinyinez: Qinghuá Dàxué; THU bezala laburbilduа, Qinghua Uni
http://www.w3.org/2000/01/rdf-schema#comment	"L'université Tsinghua (chinois simplifié : 清华大学 ; chinois traditionnel : 清華大學 ; pinyin : Qinghuá Dàxué ; EFEO : Ts'inghoua Tasiue, anglais Tsin
http://www.w3.org/2000/01/rdf-schema#comment	"L'Università Tsinghua (清华大学S, Qinghuá DàxuéP) è un'università di Pechino."@it
http://www.w3.org/2000/01/rdf-schema#comment	"清華大学（せいかだいがく、拼音: Qinghuá Dàxué、英: Tsinghua University）は、北京市海淀区に所在する中華人民共和国の副部級大学である。1911年に創立された。大学の起
http://www.w3.org/2000/01/rdf-schema#comment	"De Tsinghua-universiteit (Handarijn: 清华大学; pinyin: Qinghuá Dàxué) is een van de beroemdste en selectiefste universiteiten in China, gelegen in het
http://www.w3.org/2000/01/rdf-schema#comment	"(비슷한 이름의 국립 청화 대학에 관해서는 해당 문서를 참조하십시오.) 칭화 대학(중국어 간체자: 清华大学, 정체자: 清華大學, 영어: Tsinghua University)은 현재 중국
http://www.w3.org/2000/01/rdf-schema#comment	"Uniwersytet Tsinghua (chiń. upr. 清华大学; chiń. trad. 清華大學; pinyin Qinghuá Dàxué; ang. Tsinghua University, THU) – chiński uniwersytet w Pekinie.
http://www.w3.org/2000/01/rdf-schema#comment	"Университет Цинхуа (кит. трад. 清華大學, упр. 清华大学) – один из ведущих университетов КНР, был основан в 1911 г. Входит в состав девяти элитных вузов
http://www.w3.org/2000/01/rdf-schema#comment	"Tsinghuauniversitetet (kinesiska: 清华大学, pinyin: Qinghuá Dàxué) är ett av Kinas främsta och mest prestigefulla universitet. Tsinghua (Qinghua), som
http://www.w3.org/2000/01/rdf-schema#comment	"Університет Цінхуа (кит. трад. 清華大學, спр. 清华大学) – університет у Пекіні. Один з провідних університетів КНР."@uk
http://www.w3.org/2000/01/rdf-schema#comment	"Die Tsinghua-Universität (chinesisch 清華大學 / 清华大学, Pinyin Qinghuá Dàxué, W.-G. Ch'ing-hua Ta-hsüeh) ist eine Universität in Peking, Volksrepubli
http://www.w3.org/2000/01/rdf-schema#comment	"Cinghua Universitato aŭ Tsinghua Universitato (en ĉina «清华大学») estas grava publika esplor-universitato en Pekino, Ĉinio, kaj membro de la Ligo C9 d
http://www.w3.org/2000/01/rdf-schema#comment	"La Universidad Tsinghua (THU; en chino tradicional, 清華大學; en chino simplificado, 清华大学; pinyin, Qinghuá Dàxué) también llamada Universidad de Qi
http://www.w3.org/2000/01/rdf-schema#comment	"Universitas Tsinghua (Hanzi Sederhana: 清华大学, Pinyin: Qinghuá Dàxué) atau Tsinghua University (disingkat THU) adalah universitas riset negeri utama
http://www.w3.org/2000/01/rdf-schema#comment	"Tsinghua University (Chinese: 清华大学; simplified Chinese: 清华大学; traditional Chinese: 清華大學; pinyin: qinghuá dàxué) is a national public researc
http://www.w3.org/2000/01/rdf-schema#comment	"A Universidade Tsinghua (THU; chinês simplificado: 清华大学; chinês tradicional: 清華大學; pinyin: Qinghuá Dàxué) é uma universidade localizada em Pequ
http://www.w3.org/2000/01/rdf-schema#comment	清华大学（英語：Tsinghua University，缩篡：THU），簡称清华，舊称清华学堂、游美肄业馆、清华学校、園立清華大學，是一所位于北京海淀区清华园的公立大学。始建于1911年，
http://xmlns.com/foaf/0.1/name	"Tsinghua University"@en

图 6.17　SPARQL 查询结果

查询北京人口的 SPARQL 语句如下。

```
SELECT ?b ?number
WHERE
{
<http://dbpedia.org/resource/Beijing> ?b ?number.
filter( ?b in(<http://dbpedia.org/property/populationUrban>,<http://
dbpedia.org/property/populationTotal>)  )
}
```

查询结果如表 6-1 所示。

表 6-1　查询结果

b	number
http://dbpedia.org/property/populationUrban	21893095
http://dbpedia.org/property/populationTotal	21893095

ASK 关键词在 SPARQL 查询语言中用于判断指定模式的三元组是否存在于 RDF 数据中。它返回一个布尔值，表示是否存在符合条件的三元组。以下是一个 SPARQL 查询示例，用于判断北京的人口是否超过 2000 万。

```
prefix xsdt: <http://www.w3.org/2001/XMLSchema#>
ask where
{
<http://dbpedia.org/resource/Beijing>
<http://dbpedia.org/property/populationTotal>  ?total.
filter(?total >"20000000"^^xsdt:integer )
}
```

查询结果为 true。

@en 是一个语言标签，用于声明文字值的国家语言成分（即英语）。这个特性使 RDF 和 SPARQL 在本质上都是多语言的。下面举例查询 2022 年卡塔尔世界杯冠军队足球运动员利昂内尔·梅西（Lionel Messi）。

```
SELECT *
WHERE
    {
        ?athlete rdfs:label "Lionel Messi"@en
    }
```

查询结果如表 6-2 所示。

表 6-2　查询结果

athlete
http://dbpedia.org/resource/Category:Lionel_Messi
http://dbpedia.org/resource/Lionel_Messi

查询梅西出生日期的语句如下。

```
SELECT *
WHERE
{
  ?athlete rdfs:label  "Lionel Messi"@en ;
         dbo:birthDate  ?birthDate.
}
```

查询结果如表 6-3 所示。

表 6-3　查询结果

athlete	birthDate
http://dbpedia.org/resource/Lionel_Messi	1987/6/24

通过使用 FILTER 关键字和 GROUP BY 关键字，可以在 SPARQL 查询中添加条件筛选和分组操作，从而获取世界上各个国家的首都和各个国家的人口数量。以下是一个示例的 SPARQL 查询，用于获取世界各个国家的首都和人口数量。

```
PREFIX dbo: <http://dbpedia.org/ontology/>
PREFIX dbp: <http://dbpedia.org/property/>
PREFIX rdfs: <http://www.w3.org/2000/01/rdf-schema#>

SELECT min(?country_name) as ?Country_name min(?capital_name)
as ?Capital_name min(?population) as ?Population
WHERE {
?country a dbo:Country.
?country rdfs:label ?country_name.
?country dbo:capital ?capital.
?capital rdfs:label ?capital_name.
?country ?p ?population .
FILTER(?p = dbo:populationTotal || ?p = dbp:populationCensus).
FILTER NOT EXISTS { ?country dbo:dissolutionYear ?year }
FILTER langMatches( lang(?country_name), "en" ).
FILTER langMatches( lang(?capital_name), "en" ).}
GROUP BY ?country_name
```

在上述查询中，我们使用了两个预定义的命名空间前缀——dbo 和 dbp，以简化实体和属性的表示。在 WHERE 子句中，我们指定查询国家的首都和人口数量。通过 FILTER 子句进行筛选，同时通过 GROUP BY 关键字对结果进行分组。查询结果如图 6.18 所示。

LIMIT 用于限定返回数据显示的数量，这里查询电影数量为 10。SPARQL 查询语句如下。

```
PREFIX rdf: <http://www.w3.org/1999/02/22-rdf-syntax-ns#>
PREFIX rdfs: <http://www.w3.org/2000/01/rdf-schema#>
PREFIX rdfs: <http://www.w3.org/2000/01/rdf-schema#>

select *
where {
     ?film_title rdf:type <http://dbpedia.org/ontology/Film> .
   }
LIMIT 10
```

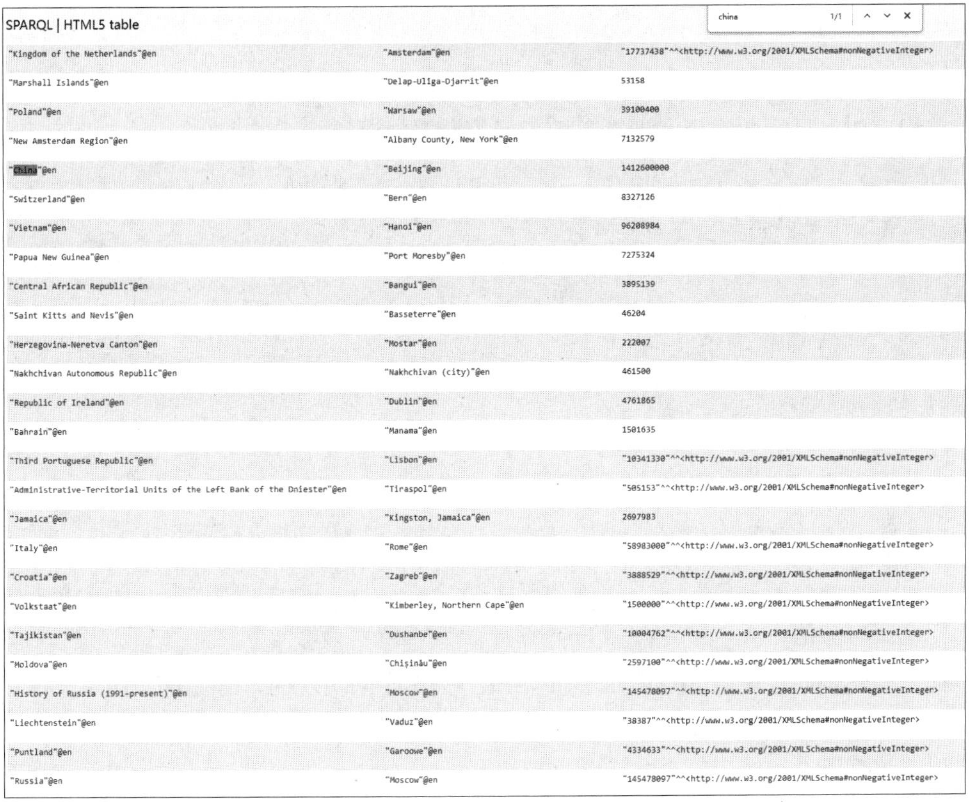

"Kingdom of the Netherlands"@en	"Amsterdam"@en	"17737438"^^<http://www.w3.org/2001/XMLSchema#nonNegativeInteger>
"Marshall Islands"@en	"Delap-Uliga-Djarrit"@en	53158
"Poland"@en	"Warsaw"@en	39100400
"New Amsterdam Region"@en	"Albany County, New York"@en	7132579
"China"@en	"Beijing"@en	1412600000
"Switzerland"@en	"Bern"@en	8327126
"Vietnam"@en	"Hanoi"@en	96208984
"Papua New Guinea"@en	"Port Moresby"@en	7275324
"Central African Republic"@en	"Bangui"@en	3895139
"Saint Kitts and Nevis"@en	"Basseterre"@en	46204
"Herzegovina-Neretva Canton"@en	"Mostar"@en	222007
"Nakhchivan Autonomous Republic"@en	"Nakhchivan (city)"@en	461500
"Republic of Ireland"@en	"Dublin"@en	4761865
"Bahrain"@en	"Manama"@en	1501635
"Third Portuguese Republic"@en	"Lisbon"@en	"10341330"^^<http://www.w3.org/2001/XMLSchema#nonNegativeInteger>
"Administrative-Territorial Units of the Left Bank of the Dniester"@en	"Tiraspol"@en	"505153"^^<http://www.w3.org/2001/XMLSchema#nonNegativeInteger>
"Jamaica"@en	"Kingston, Jamaica"@en	2697983
"Italy"@en	"Rome"@en	"58983000"^^<http://www.w3.org/2001/XMLSchema#nonNegativeInteger>
"Croatia"@en	"Zagreb"@en	"3888529"^^<http://www.w3.org/2001/XMLSchema#nonNegativeInteger>
"Volkstaat"@en	"Kimberley, Northern Cape"@en	"1500000"^^<http://www.w3.org/2001/XMLSchema#nonNegativeInteger>
"Tajikistan"@en	"Dushanbe"@en	"10004762"^^<http://www.w3.org/2001/XMLSchema#nonNegativeInteger>
"Moldova"@en	"Chișinău"@en	"2597100"^^<http://www.w3.org/2001/XMLSchema#nonNegativeInteger>
"History of Russia (1991-present)"@en	"Moscow"@en	"145478097"^^<http://www.w3.org/2001/XMLSchema#nonNegativeInteger>
"Liechtenstein"@en	"Vaduz"@en	"38387"^^<http://www.w3.org/2001/XMLSchema#nonNegativeInteger>
"Puntland"@en	"Garoowe"@en	"4334633"^^<http://www.w3.org/2001/XMLSchema#nonNegativeInteger>
"Russia"@en	"Moscow"@en	"145478097"^^<http://www.w3.org/2001/XMLSchema#nonNegativeInteger>

图 6.18　查询国家的首都和人口数量

查询结果如表 6-4 所示。

表 6-4　查询结果

film_title
http://dbpedia.org/resource/1939_(film)
http://dbpedia.org/resource/1940_Lo_Oka_Gramam
http://dbpedia.org/resource/1941_(film)
http://dbpedia.org/resource/1942:_A_Love_Story
http://dbpedia.org/resource/1944_(film)
http://dbpedia.org/resource/1945_(2017_film)
http://dbpedia.org/resource/1945_(2022_film)
http://dbpedia.org/resource/1956,_Central_Travancore
http://dbpedia.org/resource/1957:_Hati_Malaya
http://dbpedia.org/resource/1965_(film)

2. SPARQL 插入

在 SPARQL 中, 插入操作用于向图数据库中添加新的三元组数据。插入操作的语法包括前缀声明、目标图地址和要插入的三元组数据。语法格式如下。

```
#前缀
PREFIX dc: <...>
...

#插入数据
INSERT DATA
{
#包含三元组的图的 IRI
GRAPH <...> {

    #三元组
    ...

    }
}
```

插入操作是通过使用 SPARQL 的 INSERT 关键字来实现的, 它允许向图数据库中添加新的三元组数据, 下面是一个插入操作示例。

原始数据如下。

```
#Graph: http://example/bookStore
@prefix dc: <http://purl.org/dc/elements/1.1/> .
<http://example/book1> dc:title "Fundamentals of Compiler Design" .
<http://example/book2> dc:title "SPARQL is cooler than SQL" .
```

插入操作示例如下。

```
PREFIX dc: <http://purl.org/dc/elements/1.1/>
PREFIX ns: <http://example.org/ns#>
INSERT DATA
{ GRAPH <http://example/bookStore> {
<http://example/book1> ns:price 42 .
<http://example/book2> ns:price 23 .
} }
```

插入后的结果如下。

```
#Graph: http://example/bookStore
@prefix dc: <http://purl.org/dc/elements/1.1/> .
@prefix ns: <http://example.org/ns#> .
```

```
<http://example/book1> dc:title "Fundamentals of Compiler Design" .
<http://example/book1> ns:price 42 .
<http://example/book2> dc:title "SPARQL is cooler than SQL" .
<http://example/book2> ns:price 23 .
```

3. SPARQL 语句删除

SPARQL 语句删除操作中，删除请求由 3 部分组成：前缀、删除的三元组的图的地址、要删除的三元组数据。语法格式如下。

```
#前缀
PREFIX dc: <...>
...

#删除的数据
DELETE DATA
{
#包含三元组的图的 IRI
GRAPH <...> {

    #三元组
    ...

    }
}
```

SPARQL 语句删除操作的示例如下。

删除前的数据如下。

```
# Graph: http://example/bookStore
@prefix dc: <http://purl.org/dc/elements/1.1/> .
@prefix ns: <http://example.org/ns#> .

<http://example/book2> ns:price 42 .
<http://example/book2> dc:title "David Copperfield" .
<http://example/book2> dc:creator "Edmund Wells" .
```

执行的删除操作对应的 SPARQL 语句如下。

```
PREFIX dc: <http://purl.org/dc/elements/1.1/>

DELETE DATA
{ GRAPH <http://example/bookStore> {
  <http://example/book2> dc:title "David Copperfield" ;
```

```
            dc:creator "Edmund Wells" .
}}
```

删除后的数据如下。

```
# Graph: http://example/bookStore
@prefix dc: <http://purl.org/dc/elements/1.1/> .
@prefix ns: <http://example.org/ns#> .

<http://example/book2> ns:price 42 .
```

4. SPARQL 修改

SPARQL 修改操作是通过使用 SPARQL 的 INSERT、DELETE 和 WHERE 关键字来实现的。通过修改操作，可以更新知识图谱中的节点属性值或关系。

通过修改操作可以修改已有节点的属性值或关系。可以使用 SPARQL 查询语句匹配到需要修改的节点，然后更新其属性值或关系。下面是 SPARQL 修改操作的示例。

更新前的数据如下。

```
# Graph: http://example/bookStore
@prefix dc: <http://purl.org/dc/elements/1.1/> .

<http://example/book1> dc:title "Principles of Compiler Design"@en .
<http://example/book1> dc:date "1977-01-01T00:00:00-02:00"^^xsd:
dateTime .

<http://example/book2> ns:price 42 .
<http://example/book2> dc:title "David Copperfield"@en .
<http://example/book2> dc:creator "Edmund Wells"@en .
<http://example/book2> dc:date "1948-01-01T00:00:00-02:00"^^xsd:
dateTime .

<http://example/book3> dc:title "SPARQL 1.1 Tutorial"@en .
```

更新操作的 SPARQL 语句如下。

```
PREFIX dc: <http://purl.org/dc/elements/1.1/>

DELETE DATA
{ GRAPH <http://example/bookStore> {
  <http://example/book2> ?predicat ?objet.
}}

INSERT DATA
```

```
{ GRAPH <http://example/bookStore> {
<http://example/book2> ns:price 44 .
<http://example/book2> dc:title "Sir David Copperfield"@en .
<http://example/book2> dc:creator "Edmond Wells"@en .
<http://example/book2> dc:date "1948-01-02T00:00:00-02:00"^^xsd:
dateTime .
}}
```

修改后的数据如下。

```
#Graph: http://example/bookStore
@prefix dc: <http://purl.org/dc/elements/1.1/> .

<http://example/book1> dc:title "Principles of Compiler Design" .
<http://example/book1> dc:date "1977-01-01T00:00:00-02:00"^^xsd:
dateTime .

<http://example/book2> ns:price 44 .
<http://example/book2> dc:title "Sir David Copperfield"@en .
<http://example/book2> dc:creator "Edmond Wells"@en .
<http://example/book2> dc:date "1948-01-02T00:00:00-02:00"^^xsd:
dateTime .

<http://example/book3> dc:title "SPARQL 1.1 Tutorial" .
```

6.2　知识存储案例

　　Neo4j 和 Virtuoso 是两个常用的图数据库管理系统，它们在知识图谱的构建和应用中发挥着重要的作用。

　　Neo4j 是一个图形数据库管理系统，专门设计用于存储、查询和分析图形数据。它提供了一种以图形为核心的数据模型，使知识图谱的构建和查询变得高效和灵活。Neo4j 支持使用 Cypher 查询语言对图形数据进行操作和查询，可以实现复杂的图形数据分析和图形数据挖掘。

　　Virtuoso 是一个开放源代码的关系数据库管理系统，也被广泛用于知识图谱的存储和查询。Virtuoso 支持 RDF 三元组数据模型，可以存储大规模的知识图谱数据，并提供灵活的查询和推理功能。Virtuoso 还支持 SPARQL 查询语言，可以用于查询和分析知识图谱中的数据。

6.2.1 Neo4j 存储

OpenKG 是一个基于自动化知识抽取算法构建的中文开放知识图谱，其网站提供了包括金融、社交、气象在内的众多领域的知识图谱数据集，网站地址为 http://www.openkg.cn/home。

红楼梦人物数据集是一个包含红楼梦中各个人物信息的知识图谱数据集。它涵盖了红楼梦中的主要人物、次要人物以及他们之间的关系，为研究和分析红楼梦提供了重要的数据资源。红楼梦人物数据集中的数据可以用图谱的形式来表示，其中每个人物被视为一个节点，人物之间的关系则表示为节点之间的连接。通过分析这些数据，我们可以了解每个人物的背景、性格特点以及他们之间的互动关系。

红楼梦知识图谱数据集是研究红楼梦的重要资源之一，可以用于进行人物关系分析、情节推演、文化内涵研究等。它为研究者和爱好者提供了丰富的数据基础。数据来源为OpenKG，数据存储为 CSV 格式，红楼梦数据集的部分数据如表 6-5 所示。这些数据引文只是红楼梦数据集中的一小部分，但它们生动地展示了小说中的情景和人物形象。通过分析这些数据，我们可以深入了解红楼梦的故事情节、人物关系以及其中蕴含的文化内涵。

表 6-5 红楼梦数据集的部分数据

head	tail	relation	label
贾代善	贾源	son	子
娄氏	贾源	daughter_in_law_of_grandson	重孙媳妇
贾母	贾代善	wife	妻
老姨奶奶	贾代善	concubine	妾
贾敏	贾代善	daughter	女
嫣红	贾赦	concubine	妾
翠云	贾赦	concubine	妾
娇红	贾赦	concubine	妾
贾迎春	贾赦	daughter	女
赵姨娘	贾政	concubine	妾
周姨娘	贾政	concubine	妾
贾珠	贾政	son	子
尤二姐	贾琏	concubine	妾
秋桐	贾琏	concubine	妾
平儿	贾琏	concubine	妾
薛宝钗	贾宝玉	wife	妻

续表

head	tail	relation	label
花袭人	贾宝玉	concubine	妾
贾桂	贾宝玉	son	子
贾菌	娄氏	son	子
周秀才	贾巧姐	brother_in_law	姐夫
周财主	周秀才	father	父亲
周妈妈	周秀才	mother	母亲
孙亲太太	孙绍祖	mother	母亲
刑大舅二姐	邢夫人	younger_sister	妹
邢德全	邢夫人	younger_brother	弟
张大老爷	邢夫人	old_relatives	老亲
邢忠	邢夫人	elder_brother	兄
张大老爷之女	张大老爷	daughter	女
刑釉烟	邢忠	daughter	女
李婶	李守中	sister_in_law	弟媳
李婶之弟	李婶	younger_brother	弟
李纹	李婶	daughter	女
甄宝玉	李绮	husband	夫
甄应嘉	甄宝玉祖母	son	子
甄夫人	甄应嘉	wife	妻

调用 py2neo 将红楼梦数据录入 Neo4j 中，代码如下。

```
import csv
import py2neo
from py2neo import Graph,Node,Relationship,NodeMatcher
g=Graph('http://localhost:7474',user='neo4j',password='123456')
with open('honglou.csv','r',encoding='utf-8') as f:
    reader=csv.reader(f)
    for item in reader:
        if reader.line_num==1:
            continue
        start_node=Node("Person",name=item[0])
        end_node=Node("Person",name=item[1])
        relation=Relationship(start_node,item[3],end_node)
        g.merge(start_node,"Person","name")
        g.merge(end_node,"Person","name")
        g.merge(relation,"Person","name")
```

167

知识图谱查询示例语句如下。

```
MATCH (p: Person {name:"贾宝玉"})-[k:丫鬟]-(r) return p,k,r
```

这个查询语句是在红楼梦知识图谱中进行的，该知识图谱包含了红楼梦中的各个人物和他们之间的关系。通过使用 SPARQL 查询语言，我们可以灵活地从知识图谱中提取所需的信息，以支持进一步的分析和研究。上述语句通过查询"贾宝玉"节点，我们可以获得关于他的详细信息和与他相关的人物关系。知识图谱节点查询效果如图 6.19 所示。

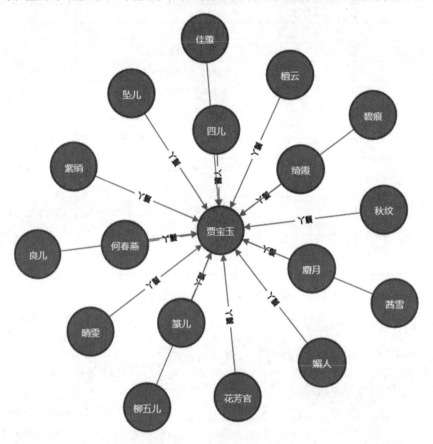

图 6.19　知识图谱节点查询效果

查询红楼梦人物图谱所有节点和关系，查询语句如下。

```
MATCH (n:Person) return n;
```

红楼梦人物图谱的查询效果如图 6.20 所示。

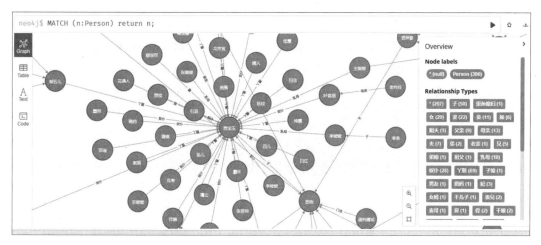

图 6.20　红楼梦人物图谱的查询效果

6.2.2　Virtuoso 存储

Virtuoso 是一个功能强大的图数据库，它提供了一个可视化界面来导入数据。通过该界面，用户可以方便地将数据加载到 Virtuoso 数据库中，并进行进一步的查询和分析。

导入数据是将外部数据源中的信息加载到 Virtuoso 数据库中的过程。这些数据可以是结构化数据、半结构化数据或非结构化数据，如 CSV 文件、RDF 数据、XML 文档等。Virtuoso 的可视化界面提供了一个直观的方式来指定数据源、选择导入的数据类型以及定义数据映射规则。

在导入数据之前，用户需要确保 Virtuoso 数据库已经正确安装和配置，并且可视化界面已经启动。然后，用户可以按照以下步骤执行数据导入操作。

（1）打开 Virtuoso 可视化界面，并登录到数据库管理界面。

（2）导航到数据导入功能区域，通常可以在界面的菜单或工具栏中找到。

（3）选择要导入的数据源，如文件系统中的文件或远程数据源。

（4）根据数据类型选择适当的导入选项，如 CSV 导入、RDF 导入或 XML 导入。

（5）配置数据映射规则，将源数据映射到目标数据库模式中的实体和属性。

（6）启动数据导入过程，等待导入完成。

（7）验证导入结果，确保数据成功加载到 Virtuoso 数据库中。

通过 Virtuoso 的可视化界面进行数据导入，用户可以轻松地管理和操作数据库中的数据。这种可视化方式简化了导入过程，并提供了直观的界面来监视和控制数据导入的进度。

总结起来，Virtuoso 的可视化界面为用户提供了一个方便的方式将数据导入到数据库中，使用户能够更好地利用 Virtuoso 的功能和优势进行数据管理和分析。

下面从 OpenKG 寻找数据源，以数据格式为.nt 的文件为例，Virtuoso 支持的数据格式有.nt(N-Triples)、.rdf(RDF/XML)、.ttl(Turtle)、.xml(RDF/XML)、.owl(OWL)、.trig(TriG)等。

数据源为 OpenKG 官方网站中国旅游景点中文知识图谱数据集，RDF 格式。文件名为 casia-kb-tourist-attraction.nt。可以在 OpenKG 中搜索下载数据集，OpenKG 搜索数据集如图 6.21 所示。

图 6.21　OpenKG 搜索数据集

旅游景点数据集部分数据格式展示如图 6.22 所示。

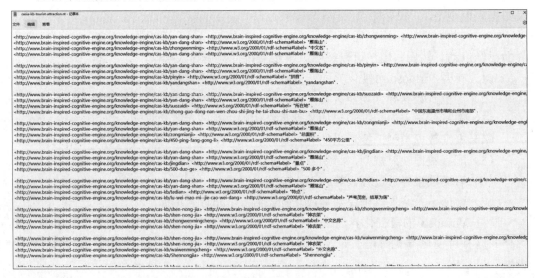

图 6.22　旅游景点数据集部分数据格式展示

单击 Linked Data→Quad Store Upload，即可进入 Virtuoso 导入数据页面，如图 6.23
所示。

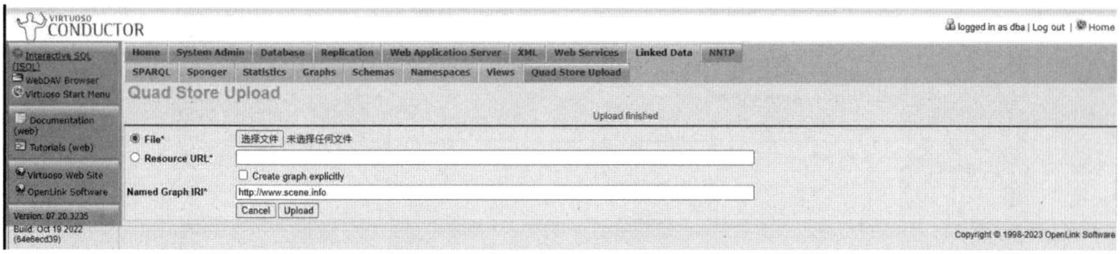

图 6.23　Virtuoso 导入数据页面

选择文件，修改最后一栏的 Named Graph IRI，在文本框中输入 http://www.scene.info。
启动数据导入过程，等待导入完成。

图 6.24 所示为导入数据成功页面。

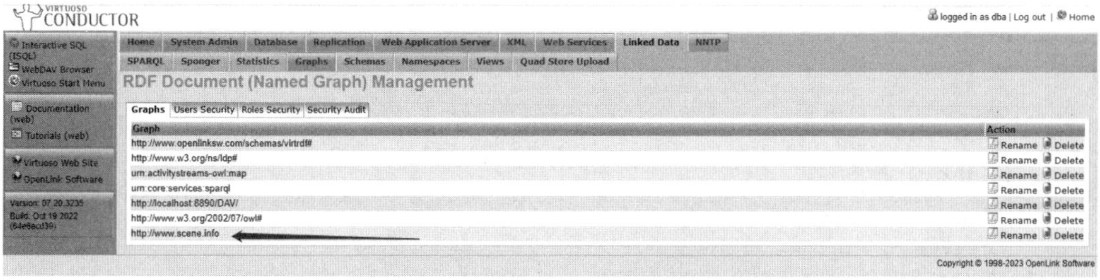

图 6.24　Virtuoso 导入数据成功页面

接下来查询导入的数据，指定 Default Graph IRI，查询语句如下。

```
SELECT ?subject ?p ?object where { ?subject ?p ?object }
```

图 6.25 所示为 Virtuoso 导入数据后查询数据成功页面。

使用 SPARQLWrapper 库访问 Virtuoso 数据库，并查询数据库数据，打印为 JSON 格
式。Python 代码如下。

```
import json
#导入 SPARQLWrapper
from SPARQLWrapper import SPARQLWrapper, JSON
#连接数据库
sparql = SPARQLWrapper('http://localhost:8890//sparql')
#设置查询
sparql.setQuery("SELECT  ?subject ?p ?object where { ?subject ?p ?object }
LIMIT 10")
sparql.setReturnFormat(JSON)
```

```
results = sparql.query().convert()
print(json.dumps(results))
```

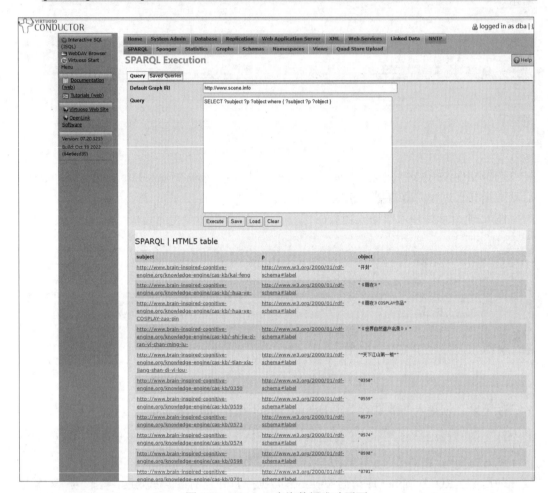

图 6.25　Virtuoso 查询数据成功页面

　　上述代码展示了如何使用 SPARQLWrapper 库来访问 Virtuoso 数据库。通过使用 SPARQLWrapper 库，我们可以方便地与 Virtuoso 数据库进行交互，执行查询操作，并以不同的返回格式获取查询结果。这使我们能够灵活地处理数据库中的数据，并根据需要进行进一步的处理和分析。

第 7 章
知识图谱构建

本章提供具体的代码实操指导，帮助读者进行知识图谱的构建。本章主要分为两个部分：数据准备和数据可视化。

在数据准备部分，我们将介绍如何准备和处理知识图谱所需的数据。读者将学习如何处理结构化、半结构化和非结构化数据，并将其转换为适合构建知识图谱的格式和结构。

在数据可视化部分，我们探讨如何利用数据可视化工具和技术，将构建好的知识图谱呈现出来。在这里提供相应的代码示例和实际案例实现数据可视化，读者将能够更好地理解和展示知识图谱中的关系和结构，提供更直观和易于理解的视觉呈现。

通过本章的实战，读者将有机会亲自动手构建知识图谱，并将其数据可视化。这将帮助读者巩固所学的知识，并为进一步的研究和应用提供实际操作的经验和技能。

7.1　图　谱　数　据

图谱数据准备阶段分为 3 个步骤：数据采集、数据入图数据库和数据接口提供。下面对这 3 个步骤进行详细的扩展。

（1）数据采集：获取构建知识图谱所需数据的过程。这包括从多个来源收集数据，如结构化数据库、文本文档、API 接口和网络爬虫。在数据采集阶段，需要定义采集的数据范围和目标，选择合适的数据源，并确保数据的质量和准确性。同时，可以利用数据清洗工具和技术对数据进行初步处理，如去除噪声数据、统一格式、处理缺失值等。

（2）数据入图数据库：将采集到的数据导入图数据库中的过程。在进行数据入库之前，需要选择适合项目需求的图数据库，如 Neo4j、Virtuoso 等，并设计合适的数据模型。数据入库的过程通常涉及将实体、关系和属性映射到图数据库的节点和边，并考虑数据的索引、优化和分布式存储等方面。可以使用图数据库的导入工具、编程接口或领域特定的 ETL 工具来实现数据入库。

（3）数据接口提供：让用户能够通过应用程序或查询接口访问和查询知识图谱数据的过程。通过数据接口，用户可以根据自己的需求和查询条件，从图数据库中检索实体、关系和属性，并获取相关的知识。为了提供数据接口，可以基于图数据库提供的 API，如 Cypher 查询语言或 SPARQL 查询语言，构建自定义的查询接口。此外，还可以通过 Web 服务或 RESTful API 等方式提供数据接口，以便用户可以通过网络进行数据访问和交互。

在实践中，图谱数据准备的具体步骤可能因项目需求和数据特点而有所差异。例如，在数据采集阶段，可能需要考虑隐私和数据安全等问题；在数据入图数据库阶段，可能需要进行性能优化和批量导入操作；在数据接口提供阶段，可能需要实现用户认证和权限控制等功能。因此，根据具体情况进行定制和调整是很重要的。

7.1.1　数据采集

数据采集是知识图谱构建流程中非常重要的一步，它通常属于知识图谱构建流程的第一步，即知识获取阶段。在这个阶段，数据采集的目标是收集与知识图谱主题相关的数据，并将其转换为可供知识图谱构建使用的形式。这些数据可以是结构化数据、半结构化数据或非结构化数据等。

在数据采集阶段，需要选择适当的数据源，并通过各种手段来收集和抽取数据，如网络爬虫、API 调用、人工标注等。在这个阶段，数据质量的保证也是至关重要的，需要对数据进行清洗、去重、格式化等处理，以确保最终构建的知识图谱具有准确、完整、一致的数据质量。数据采集是知识图谱构建流程中不可或缺的一环，为后续的知识图谱构建和应用奠定了基础。

数据采集流程如下。

（1）确定数据需求和目标：需要明确所需采集的数据类型、范围、来源和用途等。

（2）确定数据源和采集方式：根据数据需求和目标，选择合适的数据源和采集方式。数据源可以是网站、数据库、API 等，采集方式可以是爬虫、API 调用、手动输入等。

（3）开发数据采集程序：根据数据源和采集方式，编写相应的数据采集程序。

（4）数据清洗和预处理：在采集到数据之后，需要进行数据清洗和预处理，以提高数据的质量和准确性。数据清洗包括去重、去噪、修复缺失数据等操作；数据预处理包括格式化、标准化、归一化等操作。

（5）数据存储和管理：在数据清洗和预处理之后，将数据存储到合适的存储介质中，如文件、数据库等。

数据采集是知识图谱构建过程中非常关键的一步，需要根据具体情况选择合适的数据源和采集方式。下面将构建一个基于百度百科的名人知识图谱。

百度百科是百度推出的一部内容开放的网络百科全书，截至 2023 年 1 月，百度百科已经收集了超过 2600 万个词条，图 7.1 所示为一个百度百科词条示例内容。

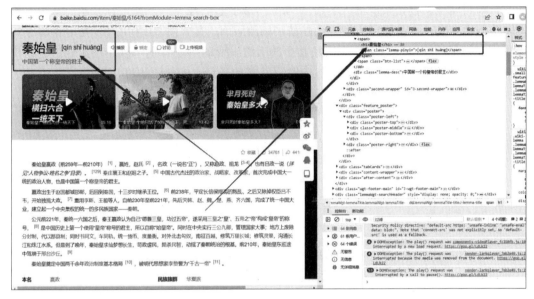

图 7.1　百度百科词条示例

数据采集采用了渲染浏览器的方式采集百度百科词条内容。百科爬虫示例如采集图 7.1 中标记位置的数据，即词条标题，Python 3 代码如下。

```
#coding=utf-8
from lxml import etree
from selenium import webdriver
Chrome_options = webdriver.ChromeOptions()
Chrome_options.add_argument('--headless')
drive = webdriver.Chrome(chrome_options=Chrome_options)
drive.get('https://baike.baidu.com/item/%E7%A7%A6%E5%A7%8B%E7%9A%87/6164')
html = drive.page_source
h1 = etree.HTML(html).xpath('//h1//text()')[0]
#打印标题
print(h1)
drive.quit()
```

注意

对于数据采集，在编写爬虫程序时，需要遵守相关的法律法规和网站的使用协议，确保爬取行为合规合法。

词条采集之前，需要采集百科名人人物的相关信息，收集人物的名字、词条 URL 等信息。

打开百度搜索框搜索"名人名字"，如图 7.2 所示。注意：网络数据来源经常会随着网站改版而变动，网络爬虫大多也会随着网站改版而失效，图 7.2 和图 7.3 是笔者写作时采集百度数据的展示页面，百度也经常会改版做出变动。读者也可以通过其他途径寻找一些名人名字或者历史人物，如通过一些问答类的平台，知乎、百度知道等。

图 7.2　百度搜索"名人名字"

使用浏览器自带的抓包工具可以捕获网络请求的详细信息，包括请求地址、请求头、请求参数、响应头、响应数据等。这些信息可以帮助我们分析和理解前端与后端之间的交互过程，以及优化网络请求的性能和效率。

通过抓包工具，我们可以查看浏览器发送的请求地址和相关参数，了解前端页面与后端服务器之间的数据交互。这对于调试和排查问题非常有帮助，可以帮助我们定位网络请求的问题、优化接口性能、检查数据传输的正确性等。

图 7.3 所示的浏览器抓包页面是一个常见的抓包工具页面，通常可以通过浏览器的开发者工具或第三方抓包插件来使用。在抓包页面中，我们可以看到请求列表，每个请求都包含了请求地址、请求方法、请求头等信息，还可以查看请求和响应的详细数据。

通过使用浏览器自带的抓包工具，我们可以更好地理解前后端之间的数据交互过程，优化网络请求的性能和效率，并快速定位和解决可能出现的问题。这是开发过程中非常有用的工具之一。

浏览器抓包页面的右侧标记部分为抓包显示的数据，请求地址访问得到的数据是包含 JSON 格式的字符串。百科名人抓包第一页地址如下。

```
https://opendata.baidu.com/api.php?resource_id=28266&from_mid=1&&forma
```

t=json&ie=utf-8&oe=utf-8&query=%E5%90%8D%E4%BA%BA%E5%90%8D%E5%AD%97&sort_key=&sort_type=1&stat0=&stat1=&stat2=&stat3=&pn=0&rn=12

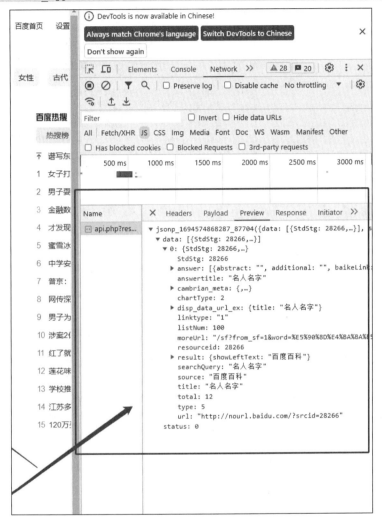

图 7.3　浏览器抓包页面

第一页获取的数据如下。

{"data":[{"StdStg":28266,"answer":[{"abstract":"","additional":"","baikeLink":"http://baike.baidu.com/item/%E5%AD%94%E5%AD%90/1584","bkid":"1584","coreid":"01cqkyjq","ename":"\u5b54\u5b50","img":"http://t11.baidu.com/it/u=3589155526,3316691019\u0026fm=58\u0026app=83\u0026f=JPEG?w=250\u0026h=250\u0026s=9A1038C8D453EFC4601DB5270300A04D","query":"\u5b54\u5b50"},{"abstract":"","additional":"","baikeLink":"http://baike.ba

idu.com/item/%E7%A7%A6%E5%A7%8B%E7%9A%87/6164","bkid":"6164","coreid":
"01pbgb8t","ename":"\u79e6\u59cb\u7687","img":"http://t12.baidu.com/it
/u=556701131,3513410254\u0026fm=58\u0026app=83\u0026f=JPEG?w=250\u0026
h=250\u0026s=6DE23A66D6AEB4FE49F508920100C091","query":"\u79e6\u59cb\u
7687"},{"abstract":"","additional":"","baikeLink":"http://baike.baidu.
com/item/%E5%88%98%E5%BD%BB/477056","bkid":"477056","coreid":"01fc9lzd
","ename":"\u5218\u5f7b","img":"http://t10.baidu.com/it/u=2303987272,1
467698771\u0026fm=58\u0026app=83\u0026f=JPEG?w=250\u0026h=250","query"
:"\u5218\u5f7b"},{"abstract":"","additional":"","baikeLink":"http://ba
ike.baidu.com/item/%E5%AD%9B%E5%84%BF%E5%8F%AA%E6%96%A4%C2%B7%E9%93%81
%E6%9C%A8%E7%9C%9F/8180423","bkid":"8180423","coreid":"01kbgt1l","enam
e":"\u5b5b\u513f\u53ea\u65a4\u00b7\u94c1\u6728\u771f","img":"http://t1
0.baidu.com/it/u=3791368234,3568552161\u0026fm=58\u0026app=83\u0026f=J
PEG?w=250\u0026h=250","query":"\u5b5b\u513f\u53ea\u65a4\u00b7\u94c1\u6
728\u771f"},{"abstract":"","additional":"","baikeLink":"http://baike.b
aidu.com/item/%E5%AD%99%E4%B8%AD%E5%B1%B1/128084","bkid":"128084","cor
eid":"01b_5ydq","ename":"\u5b59\u4e2d\u5c71","img":"http://t11.baidu.c
om/it/u=1770505318,2065512176\u0026fm=58\u0026app=83\u0026f=JPEG?w=250
\u0026h=250\u0026s=67A8B9452832069E8DB475B30300E002","query":"\u5b59\u
4e2d\u5c71"},{"abstract":"","additional":"","baikeLink":"http://baike.
baidu.com/item/%E6%AF%9B%E6%B3%BD%E4%B8%9C/113835","bkid":"113835","co
reid":"01xnc_z5","ename":"\u6bdb\u6cfd\u4e1c","img":"http://t12.baidu.
com/it/u=4017999461,644390916\u0026fm=58\u0026app=83\u0026f=JPEG?w=250
\u0026h=250\u0026s=F1B01FD00221130308B84CB30300E060","query":"\u6bdb\u
6cfd\u4e1c"},{"abstract":"","additional":"","baikeLink":"http://baike.
baidu.com/item/%E9%82%93%E5%B0%8F%E5%B9%B3/116181","bkid":"116181","co
reid":"01tj3r_n","ename":"\u9093\u5c0f\u5e73","img":"http://t10.baidu.
com/it/u=323326347,663778407\u0026fm=58\u0026app=83\u0026f=JPEG?w=250\
u0026h=250\u0026s=6D74CB4EC6181875E8F004B303008013","query":"\u9093\u5
c0f\u5e73"},{"abstract":"","additional":"","baikeLink":"http://baike.b
aidu.com/item/%E5%88%98%E9%82%A6/129493","bkid":"129493","coreid":"017
fkn_z","ename":"\u5218\u90a6","img":"http://t10.baidu.com/it/u=3920137
293,2969888911\u0026fm=58\u0026app=83\u0026f=JPEG?w=250\u0026h=250","q
uery":"\u5218\u90a6"},{"abstract":"","additional":"","baikeLink":"http
://baike.baidu.com/item/%E6%9D%A8%E5%9D%9A/4455","bkid":"4455","coreid
":"0188tj2l","ename":"\u6768\u575a","img":"http://t11.baidu.com/it/u=2
042934403,2519588210\u0026fm=58\u0026app=83\u0026f=JPEG?w=250\u0026h=2
50\u0026s=FC28A6555552CBCC4A9330730300D06A","query":"\u6768\u575a"},{"
abstract":"","additional":"","baikeLink":"http://baike.baidu.com/item/
%E6%9D%8E%E4%B8%96%E6%B0%91/44058","bkid":"44058","coreid":"01s6bp23",
"ename":"\u674e\u4e16\u6c11","img":"http://t11.baidu.com/it/u=38266542
58,1321977653\u0026fm=58\u0026app=83\u0026f=JPEG?w=250\u0026h=250\u002
6s=F2BCAF669552DC6D024B1A6C0300E078","query":"\u674e\u4e16\u6c11"},{"a
bstract":"","additional":"","baikeLink":"http://baike.baidu.com/item/%

E7%88%B1%E6%96%B0%E8%A7%89%E7%BD%97%C2%B7%E7%8E%84%E7%83%A8/916080","b
kid":"916080","coreid":"011xj34k","ename":"\u7231\u65b0\u89c9\u7f57\u0
0b7\u7384\u70e8","img":"http://t10.baidu.com/it/u=2754023559,307958751
6\u0026fm=58\u0026app=83\u0026f=JPEG?w=250\u0026h=250\u0026s=92A8FF050
BF2E3CC4A0B397C0300C07A","query":"\u7231\u65b0\u89c9\u7f57\u00b7\u7384
\u70e8"},{"abstract":"","additional":"","baikeLink":"http://baike.baid
u.com/item/%E8%92%8B%E4%BB%8B%E7%9F%B3/184548","bkid":"184548","coreid
":"012vpgxn","ename":"\u848b\u4ecb\u77f3","img":"http://t12.baidu.com/
it/u=599473568,3223713101\u0026fm=58\u0026app=83\u0026f=JPEG?w=250\u00
26h=250\u0026s=2B20CA4FDE1235D63981C9330100C092","query":"\u848b\u4ecb
\u77f3"}],"answertitle":"\u540d\u4eba\u540d\u5b57","cambrian_meta":{"l
ogo":"https://gimg3.baidu.com/lego/src=https%3A%2F%2Fpic.rmb.bdstatic.
com%2F1c423f629dfea2bb76b9aba1addff213.jpeg\u0026refer=http%3A%2F%2Fww
w.baidu.com\u0026app=2009\u0026size=r1,1\u0026n=0\u0026g=1n\u0026er=40
4\u0026q=100\u0026fmt=auto\u0026maxorilen2heic=2000000?sec=1676048400\
u0026t=87a702b609182025a0a55f4f0cd01674","title":"\u767e\u5ea6\u767e\u
79d1"},"chartType":2,"disp_data_url_ex":{"title":"\u540d\u4eba\u540d\u
5b57"},"linktype":"1","listNum":100,"moreUrl":"/sf?from_sf=1\u0026word
=%E5%90%8D%E4%BA%BA%E5%90%8D%E5%AD%97\u0026title=%E5%90%8D%E4%BA%BA%E5
%90%8D%E5%AD%97\u0026resource_id=4469\u0026dspName=iphone\u0026openapi
=1\u0026tn=tangram\u0026pd=happy\u0026alr=1\u0026new_aeks=1\u0026ae_si
d=\u0026aeks_type=aeks_5\u0026kg_rid=28266\u0026frsrcid=28266","resour
ceid":28266,"result":{"showLeftText":"\u767e\u5ea6\u767e\u79d1"},"sear
chQuery":"\u540d\u4eba\u540d\u5b57","source":"\u767e\u5ea6\u767e\u79d1
","title":"\u540d\u4eba\u540d\u5b57","total":12,"type":5,"url":"http:/
/nourl.baidu.com/?srcid=28266"}],"status":0}

翻页过程中存在数据为空的情况，如图 7.4 所示。

图 7.4　翻页过程中数据为空的情况

翻页过程中操作数据为空时请求接口返回的数据如下。

```
{"data":[],"status":0}
```

根据抓包情况编写百科名人人物数据采集程序，以便获取百科人物的 URL 地址，进一步将获取的数据存储到本地，以便进行百科人物数据采集。Python 3 代码如下。

```
#coding=utf-8
import requests,json
#当前时间抓包第一页测试请求地址
#https://opendata.baidu.com/api.php?resource_id=28266&from_mid=1&&format=
json&ie=utf-8&oe=utf-8&query=%E5%90%8D%E4%BA%BA%E5%90%8D%E5%AD%97&sort
_key=&sort_type=1&stat0=&stat1=&stat2=&stat3=&pn=0
#url 中 pn=后面跟的是页数，采集时需要翻页请求
def get_baike_url():
    for page in range(0,101*12,12):
        print(page)
        url = 'https://opendata.baidu.com/api.php?resource_id=28266&from_
mid=1&&format=json&ie=utf-8&oe=utf-8&query=%E5%90%8D%E4%BA%BA%E5%90%8D
%E5%AD%97&sort_key=&sort_type=1&stat0=&stat1=&stat2=&stat3=&pn=' +
str(page) + '&rn=12'
        content = requests.get(url).text
        print(content)
        write_file(content)
#保存数据到本地
def write_file(line):
    f = open("baike_url_data.txt", mode="a", encoding="UTF-8")
    f.write(line+'\n')
    f.close()
if __name__=="__main__":
    get_baike_url()
```

百度百科词条爬虫采集程序是一种用于自动从百度百科网站上获取词条信息的程序。该程序通过模拟用户的网页访问行为，自动抓取指定词条的内容，并将其保存为结构化数据以便后续处理和分析。根据采集的人物数据，可以编写程序来单独采集每个人物的百科词条内容。该程序可以根据每个人物的唯一标识，逐个访问对应的百科页面，并提取所需的内容。

编写程序的主要步骤如下。

（1）从人物数据源中获取人物的名称或唯一标识符列表。

（2）针对每个人物，构造对应的百科词条的 URL 链接。

（3）使用网络请求库发送 HTTP 请求，获取百科页面的 HTML 源码。

（4）利用 HTML 解析库解析页面源码，提取所需的人物信息，如姓名、简介、职业、成就等。

（5）将提取的人物信息存储到数据库或文件中，以便后续处理和分析。

（6）控制爬取速度和频率，避免对百度百科网站造成过大的负荷或触发反爬虫机制。

百度百科词条爬虫采集程序的代码如下。

```python
# -*- coding: utf-8 -*-
# import requests
import json,time,os,re
from lxml import etree
from selenium import webdriver
class BaidubaikeSpider():
    def __init__(self):
        pass
    def baike_request(self,baike_url):
        baike_html = self.Browser_Rendering(baike_url)
        name = etree.HTML(baike_html).xpath('//h1//text()')[0]
        summary = etree.HTML(baike_html).xpath('//div[@class="lemma-
summary J-summary"]//text()')
        summary = ''.join(summary)
        peoplerelationslist = []
        peoplerelations = etree.HTML(baike_html).xpath('//div[@class=
"lemma-complex-relationship-container"]//div[@class="swiper-wrapper"]/
div/a')
        if len(peoplerelations) > 0:
            for number in range(0, len(peoplerelations)):
                peoplerelationsname = peoplerelations[number].xpath
('.//div[@class="relationship-name"]/text()')
                peoplerelationspeoplename = peoplerelations[number].xpath
('.//div[@class="relationship-lemma-title"]/text()')[0]
                peoplerelationslink = peoplerelations[number].xpath
('./@href')
                # peoplerelationsimg = peoplerelations[number].xpath
('.//img/@src')
                peoplerelationsname = ''.join(''.join(peoplerelationsname)
.split())
                peoplerelationslink = 'https://baike.baidu.com' + ''.join
('' .join(peoplerelationslink).split())
                # peoplerelationsimg = ''.join(''.join(peoplerelationsimg)
.split())
                peoplerelation = name + '#' + peoplerelationsname + '#' +
peoplerelationspeoplename + '#' + peoplerelationslink
                peoplerelationslist.append(peoplerelation)
        else:
            peoplerelationslist = []
        dictbasic = {}
        basicinfonames = etree.HTML(baike_html).xpath('//div[@class=
"basic-info J-basic-info cmn-clearfix"]//dt[@class="basicInfo-item name"]')
```

```
        basicinfovalues = etree.HTML(baike_html).xpath('//div[@class=
"basic-info J-basic-info cmn-clearfix"]//dd[@class="basicInfo-item value"]')
        for i in range(0, len(basicinfonames)):
            basicinfoname = basicinfonames[i].xpath('.//text()')
            basicinfovalue = basicinfovalues[i].xpath('.//text()')
            basicinfoname = ''.join(basicinfoname).strip().replace
('     ','')
            basicinfovalue = ''.join(basicinfovalue).strip()
            basicinfoname = re.sub(r'\[\d+\]|\(\d+\)', '', basicinfoname)
            basicinfovalue = re.sub(r'\[\d+\]|\(\d+\)', '', basicinfovalue)
            dictbasic[basicinfoname] = basicinfovalue
        baidubaike_data = {}
        baidubaike_data['name'] = name
        baidubaike_data['summary'] = re.sub(r'\[\d+(?:-\d+)?\]', '', summary)
        baidubaike_data['peoplerelations'] = peoplerelationslist
        baidubaike_data['basicinfo'] = dictbasic
        return baidubaike_data
    #浏览器渲染获取百科数据
    def Browser_Rendering(self,url):
        Chrome_options = webdriver.ChromeOptions()
        #根据 selenium 的版本调整参数
        Chrome_options.add_argument('--headless')
        drive = webdriver.Chrome(chrome_options=Chrome_options)
        drive.get(url)
        html = drive.page_source
        drive.quit()
        return html

    #保存数据到本地
    def write_file(self, text, file_name):
        f = open(file_name + '.txt', mode="a", encoding="UTF-8")
        f.write(text + '\n')
        f.close()
if __name__=="__main__":
    bkid_list = []
    if os.path.exists('baike_data.txt'):
        file = open('./baike_data.txt',encoding='utf-8')
        for line in file:
            bkid = json.loads(line)['bkid']
            bkid_list.append(bkid)
    baidubaikeSpider = BaidubaikeSpider()
    #读取存储百科 URL 数据文件
    file = open('./baike_url_data.txt', encoding='utf-8')
    for line in file:
```

```
        baike_data_json = json.loads(line)
        if len(baike_data_json['data'])>0:
            for baike_data in baike_data_json['data']:
                result = baike_data['answer']
                title = baike_data['title']
                for baike_url_data in result:
                    baike_url = baike_url_data['baikeLink']
                    ename = baike_url_data['ename']
                    pic = baike_url_data['img']
                    bkid = baike_url_data['bkid']
                    if bkid not in bkid_list:
                        print(baike_url)
                        try:
                            try:
                                baidubaike_data = baidubaikeSpider.baike_
request(baike_url)
                            except:
                                baidubaike_data = baidubaikeSpider.baike_
request(baike_url)
                            if baidubaike_data['summary'] == '':
                                time.sleep(3)
                                baidubaike_data = baidubaikeSpider.baike_
request(baike_url)
                            baidubaike_data['ename'] = ename
                            baidubaike_data['pic'] = pic
                            baidubaike_data['bkid'] = bkid
                            baidubaike_data['baike_url'] = baike_url
                            print(json.dumps(baidubaike_data,ensure_ascii=
False))
                            baidubaikeSpider.write_file(json.dumps
(baidubaike_data,ensure_ascii=False),'baike_data')
                        except:
                            pass
```

采集的数据示例如下。

{"name": "孔子", "summary": "\n 孔子（前 551 年-前 479 年 4 月 11 日），子姓，孔氏，名丘，字仲尼，春秋时期鲁国陬邑（今山东省曲阜市）人，祖籍宋国栗邑（今河南省夏邑县）。父叔梁纥，母颜氏。中国古代思想家、政治家、教育家，儒家学派创始人。\n   \n \n 孔子三岁丧父，家道中落，早年做过管粮仓、管放牧的小官。他"少好礼"，自幼熟悉传统礼制，青年时便以广博的礼乐知识闻名于鲁，从事儒者之业，以办理丧祭之礼为生。中年聚徒讲学，从事教育活动。年五十，曾一度担任鲁国的司寇，摄行相职，积极推行自己的政治主张，不久因与当政者政见不合而弃官去鲁，偕弟子周游列国，宣传自己的政治主张和思想学说，终未见用。晚年回到鲁国，致力教育事业，整理《诗》《书》，删修《春秋》，以传述六艺为终身志业。\n \n 孔子曾带领部分弟子周游列国十四年，修订六经（《诗》《书》《礼》《乐》《易》《春秋》）。去世后，其弟子及再传弟子把孔子及其弟子的言行语录和思想记录下来，整理编成《论语》。该书被奉为儒家经典。\n \n 孔子对后世影响深远长久。他的"仁"与"礼"成为国家施政和个人自我修养的重要准则；"有教无类"的平民教育思想使华夏文明得以无限传承；对古代文献的系统整理，不仅寄予了自己的理想，更使得中华民族的文化遗产具有了深广的内涵。\n \n\n", "people relations": ["孔子#妻子#亓官氏#https://baike.baidu.com/item/%E4%BA%93%E5%AE%98%E6%B0%8F/12575182?lemmaFrom=lemma_relation_starMap&fromModule=lemma_relation-starMap", "孔子#儿子#孔鲤#https://baike.baidu.com/item/%E5%AD%94%E9%B2%A4/881716?lemmaFrom=lemma_relation_starMap&fromModule=lemma_relation-starMap", "孔子#女儿#孔姣#https://baike.baidu.com/item/%E5%AD%94%E5%A7%A3/10349966?lemmaFrom=lemma_relation_starMap&fromModule=lemma_relation-starMap", "孔子#父亲#叔梁纥#https://baike.baidu.com/item/%E5%8F%94%E6%A2%81%E7%BA%A5/3803410?lemmaFrom=lemma_relation_starMap&fromModule=lemma_relation-starMap", "孔子#母亲#颜徵在#https://baike.baidu.com/item/%E9%A2%9C%E5%BE%B5%E5%9C%A8/8215747?lemmaFrom=lemma_relation_starMap&fromModule=lemma_relation-starMap", "孔子#哥哥#孟皮#https://baike.baidu.com/item/%E5%AD%9F%E7%9A%AE/9628335?lemmaFrom=lemma_relation_starMap&fromModule=lemma_relation-starMap", "孔子#祖父#伯夏#https://baike.baidu.com/item/%E4%BC%AF%E5%A4%8F/59935077?lemmaFrom=lemma_relation_starMap&fromModule=lemma_relation-starMap", "孔子#孙子#子思#https://baike.baidu.com/item/%E5%AD%90%E6%80%9D/481166?lemmaFrom=lemma_relation_starMap&fromModule=lemma_relation-starMap", "孔子#侄子#孔忠#https://baike.baidu.com/item/%E5%AD%94%E5%BF%A0/4310001?lemmaFrom=lemma_relation_starMap&fromModule=lemma_relation-starMap", "孔子#曾祖父#孔防叔#https://baike.baidu.com/item/%E5%AD%94%E9%98%B2%E5%8F%94/8299674?lemmaFrom=lemma_relation_starMap&fromModule=lemma_relation-starMap", "孔子#曾孙子#孔白#https://baike.baidu.com/item/%E5%AD%94%E7%99%BD/1088017?lemmaFrom=lemma_relation_starMap&fromModule=lemma_relation-starMap", "孔子#好友#原壤#https://baike.baidu.com/item/%E5%8E%9F%E5%A3%A4/3757484?lemmaFrom=lemma_relation_starMap&fromModule=lemma_relation-starMap", "孔子#老师#郯子#https://baike.baidu.com/item/%E9%83%AF%E5%AD%90/1269933?lemmaFrom=lemma_relation_starMap&fromModule=lemma_relation-starMap", "孔子#老师#苌弘#https://baike.baidu.com/item/%E8%8B%8C%E5%BC%98/486353?lemmaFrom=lemma_relation_starMap&fromModule=lemma_relation-starMap", "孔子#老师#师襄#https://baike.baidu.com/item/%E5%B8%88%E8%A5%84/3961721?lemmaFrom=lemma_relation_starMap&fromModule=lemma_relation-starMap", "孔子#学生#公伯缭#https://baike.baidu.com/item/%E5%85%AC%E4%BC%AF%E7%BC%AD/8207469?lemmaFrom=lemma_relation_starMap&fromModule=lemma_relation-starMap", "孔子#学生#郑国#https://baike.baidu.com/item/%E9%83%91%E5%9B%BD/3521037?lemmaFrom=lemma_relation_starMap&fromModule=lemma_relation-starMap", "孔子#学生#县成#https://baike.baidu.com/item/%E5%8E%BF%E6%88%90/1140182?lemmaFrom=lemma_relation_starMap&fromModule=lemma_relation-starMap", "孔子#学生#颜何#https://baike.baidu.com/item/%E9%A2%9C%E4%BD%95/10054943?lemmaFrom=lemma_relation_starMap&fromModule=lemma_relation-starMap", "孔子#学生#奚容箴#https://

/baike.baidu.com/item/%E5%A5%9A%E5%AE%B9%E7%AE%B4/6710491?lemmaFrom=le
mma_relation_starMap&fromModule=lemma_relation-starMap", "孔子#学生#言偃
#https://baike.baidu.com/item/%E8%A8%80%E5%81%83/1997851?lemmaFrom=lem
ma_relation_starMap&fromModule=lemma_relation-starMap", "孔子#学生#樊迟#
https://baike.baidu.com/item/%E6%A8%8A%E8%BF%9F/3556093?lemmaFrom=lemm
a_relation_starMap&fromModule=lemma_relation-starMap", "孔子#学生#有子#h
ttps://baike.baidu.com/item/%E6%9C%89%E5%AD%90/8810077?lemmaFrom=lemma
_relation_starMap&fromModule=lemma_relation-starMap", "孔子#学生#公良孺#h
ttps://baike.baidu.com/item/%E5%85%AC%E8%89%AF%E5%AD%BA/6573364?lemmaF
rom=lemma_relation_starMap&fromModule=lemma_relation-starMap", "孔子#学
生#公晳哀#https://baike.baidu.com/item/%E5%85%AC%E6%99%B3%E5%93%80/4309
794?lemmaFrom=lemma_relation_starMap&fromModule=lemma_relation-starMap
", "孔子#学生#公孙龙#https://baike.baidu.com/item/%E5%85%AC%E5%AD%99%E9%B
E%99/12640688?lemmaFrom=lemma_relation_starMap&fromModule=lemma_relati
on-starMap", "孔子#学生#冉季#https://baike.baidu.com/item/%E5%86%89%E5%A
D%A3/7260477?lemmaFrom=lemma_relation_starMap&fromModule=lemma_relatio
n-starMap", "孔子#学生#壤驷赤#https://baike.baidu.com/item/%E5%A3%A4%E9%A
9%B7%E8%B5%A4/4376137?lemmaFrom=lemma_relation_starMap&fromModule=lemm
a_relation-starMap", "孔子#学生#石作蜀#https://baike.baidu.com/item/%E7%9
F%B3%E4%BD%9C%E8%9C%80/776038?lemmaFrom=lemma_relation_starMap&fromMod
ule=lemma_relation-starMap", "孔子#学生#后处#https://baike.baidu.com/ite
m/%E5%90%8E%E5%A4%84/5224886?lemmaFrom=lemma_relation_starMap&fromModu
le=lemma_relation-starMap", "孔子#学生#秦冉#https://baike.baidu.com/item
/%E7%A7%A6%E5%86%89/5224941?lemmaFrom=lemma_relation_starMap&fromModul
e=lemma_relation-starMap", "孔子#学生#公肩定#https://baike.baidu.com/item
/%E5%85%AC%E8%82%A9%E5%AE%9A/6710509?lemmaFrom=lemma_relation_starMap&
fromModule=lemma_relation-starMap", "孔子#学生#颜祖#https://baike.baidu.
com/item/%E9%A2%9C%E7%A5%96/7262762?lemmaFrom=lemma_relation_starMap&f
romModule=lemma_relation-starMap", "孔子#学生#鄡单#https://baike.baidu.c
om/item/%E9%84%A1%E5%8D%95/6835235?lemmaFrom=lemma_relation_starMap&fr
omModule=lemma_relation-starMap", "孔子#学生#句井疆#https://baike.baidu.c
om/item/%E5%8F%A5%E4%BA%95%E7%96%86/10055676?lemmaFrom=lemma_relation_
starMap&fromModule=lemma_relation-starMap"], "basicinfo": {"全名": "孔子
", "别名": "尼父、孔夫子", "字": "仲尼", "姓": "子", "氏": "孔", "所处时代": "
春秋末期", "民族族群": "华夏族", "出生地": "鲁国陬邑(今山东曲阜)", "出生日期": "
公元前 551 年 9 月 28 日(有争议)", "逝世日期": "公元前 479 年 4 月 11 日", "主要成就":
 "创立儒家学派\n 修订《六经》\n 创办私学", "主要作品": "六经", "本名": "孔丘", "祖
籍": "宋国栗邑(今河南夏邑)", "外文名": "Confucius\n"}, "ename": "孔子", "pic
": "http://t11.baidu.com/it/u=3589155526,3316691019&fm=58&app=83&f=JPE
G?w=250&h=250&s=9A1038C8D453EFC4601DB5270300A04D", "bkid": "1584", "bai
ke_url": "http://baike.baidu.com/item/%E5%AD%94%E5%AD%90/1584"}

百科词条数据结构如图 7.5 所示，图 7.6 对应的是百科词条人物基本信息。

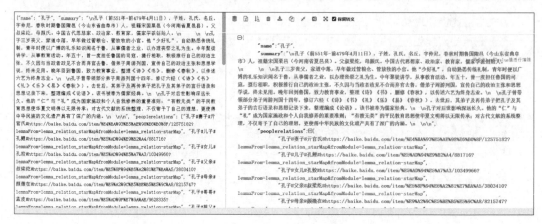

图 7.5　百科词条数据结构

图 7.6　百科词条人物基本信息

百科词条人物关系与基本简介信息如图 7.7 所示。basicinfo 字段存储的为百科词条人物的基本信息，peoplerelations 字段中存储的为人物关系，如孔子的妻子，以及孔子妻子的百科词条链接及头像，展开对应的字段，图 7.8 显示的数据对应图 7.7 中人物关系位置。

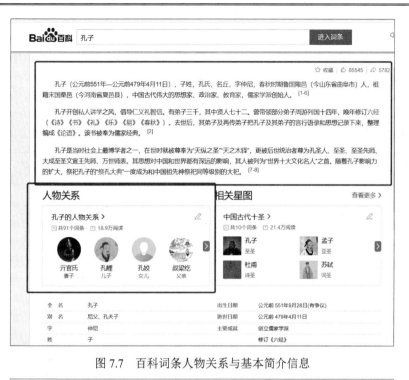

图 7.7　百科词条人物关系与基本简介信息

图 7.8　人物关系部分数据

人物数据约取 1211 条作为首次采集的样本。在初次采集的人物关系数据中，可能会发现一些与名人关系相关的实体信息缺失，如孔子的妻子，尽管她可能不属于名人。为了完善数据集，我们需要额外采集这些关系中的实体信息。

代码如下。

```python
# -*- coding: utf-8 -*-
# import requests
import json,time,os
from lxml import etree
from selenium import webdriver
from baike_spdier import BaidubaikeSpider


if __name__=="__main__":
    bkid_list = []
    people_relations_list = []
    if not os.path.exists('baike_append_data.txt'):
        file = open('./baike_data.txt',encoding='utf-8')
        for line in file:
            bkid = json.loads(line)['bkid']
            peopleRelations = json.loads(line)['peoplerelations']
            if len(peopleRelations)>0:
                people_relations_list.append(peopleRelations)
            bkid_list.append(bkid)
    else:
        file = open('./baike_data.txt',encoding='utf-8')
        for line in file:
            bkid = json.loads(line)['bkid']
            peopleRelations = json.loads(line)['peoplerelations']
            if len(peopleRelations)>0:
                people_relations_list.append(peopleRelations)
            bkid_list.append(bkid)
        file = open('./baike_append_data.txt',encoding='utf-8')
        for line in file:
            bkid = json.loads(line)['bkid']
            peopleRelations = json.loads(line)['peoplerelations']
            if len(peopleRelations)>0:
                people_relations_list.append(peopleRelations)
            bkid_list.append(bkid)
    print(len(bkid_list))
    baidubaikeSpider = BaidubaikeSpider()
    for people_relations in people_relations_list:
        for people_relation in people_relations:
            ename = people_relation.split('#')[2]
```

```
            baike_url = people_relation.split('#')[3]
            target_bkid = people_relation.split('#')[3].split('?')[0].
split('/')[-1]
            # pic = people_relation.split('#')[4].strip()
            if target_bkid not in bkid_list:
                try:
                    baidubaike_data = baidubaikeSpider.baike_request
(baike_url)
                    baidubaike_data['baike_url'] = baike_url
                    baidubaike_data['ename'] = ename
                    # baidubaike_data['pic'] = pic
                    baidubaike_data['bkid'] = target_bkid
                    # print(json.dumps(baidubaike_data,ensure_ascii=False))
                    baidubaikeSpider.write_file(json.dumps(baidubaike_
data,ensure_ascii=False),'baike_append_data')
                except:
                    pass
```

7.1.2　图谱构建

构建图谱导入 Neo4j 之前，需要针对数据进行处理，利用 Cypher 语法编写 Query 导入数据。

在 Cypher 语言中，MERGE 关键字用于在图形数据库中创建或更新节点和关系。MERGE 语句的语法格式如下。

```
MERGE (n:Label {property:value})
ON CREATE SET n.property = value
ON MATCH SET n.property = value
RETURN n
```

其中，Label 是节点的标签，property 是节点的属性名称，value 是节点属性的值。MERGE 语句的作用是，如果图形数据库中存在符合指定标签和属性的节点，则返回该节点；如果不存在符合条件的节点，则创建一个新节点，并设置指定的标签和属性。此外，MERGE 语句还可以使用 ON CREATE 和 ON MATCH 子句，以便在创建新节点或者匹配到已存在时节点时执行相应的操作，如设置节点的属性值。以下是一个简单的示例，展示了如何使用 MERGE 语句创建或更新一个节点。

```
MERGE (p:Person {name: 'Alice'}) ON CREATE SET p.age = 30 ON MATCH SET p.age
= 31 RETURN p
```

如果图形数据库中存在名为 Alice 的 Person 节点，则将该节点的 age 属性更新为 31，并返回该节点。否则，将创建一个新的 Person 节点，并设置 name 属性为 Alice，age 属性为 30，并返回该节点。

在 Cypher 中，可以使用 MERGE 关键字来合并节点，并且可以通过指定节点的属性来确保唯一性。如果用户想在合并节点时设置节点的 id，可以通过设置该节点的 id 属性来实现。下面是一个示例，展示了如何使用 MERGE 语句来合并节点并设置其 id 属性。

```
MERGE (p:Person {id: 123}) ON CREATE SET p.name = 'Alice' ON MATCH SET p.name
= 'Bob' RETURN p
```

在上述示例中，Person 节点被合并，其 id 属性被设置为 123。如果在图形数据库中存在 id 属性为 123 的 Person 节点，则该节点将被匹配，且其 name 属性将被设置为 Bob。如果不存在这样的节点，则将创建一个新的 Person 节点，并将其 name 属性设置为 Alice。需要注意的是，虽然可以在 Cypher 中设置节点的属性，但节点的 id 是由图形数据库自动生成的，并且在节点创建后不能更改。因此，将节点的 id 属性设置为某个值，可能会出现设置某个特定值失败的情况，因为可能会发生冲突或者不允许将 id 设置为特定的值。

py2neo 是 Python 与 Neo4j 图形数据库进行交互的一个库，它提供了对 Cypher 语言的支持，可以使用 Graph.run()方法执行 Cypher 语句。

下面是一个示例，展示了如何使用 py2neo 来执行 Cypher 语句，并在合并节点时设置其 id 属性。

```
from py2neo import Graph
graph = Graph("bolt://localhost:7474", auth=("username", "password"))
cypher_query = """
MERGE (p:Person {id: $id})
ON CREATE SET p.name = $name
ON MATCH SET p.name = $new_name
RETURN p
"""
parameters = {"id": 123, "name": "Alice", "new_name": "Bob"}
result = graph.run(cypher_query, parameters)
for record in result:
    print(record)
```

在上述示例中，首先创建了一个 Graph 对象，然后定义了一个包含 Cypher 语句的字符串 cypher_query，并使用$符号将参数占位符嵌入到 Cypher 语句中。接下来，将参数作为一个字典传递给 graph.run()方法，并将其作为第二个参数传递。最后，遍历查询结果并打印每个记录。

需要注意的是，在 Cypher 语句中，占位符$id、$name 和$new_name 对应于参数字典中的键，这些键和值将被用于填充占位符。

另外,在 MERGE 语句中,使用节点的 id 属性来确保唯一性,并使用 ON CREATE SET 和 ON MATCH SET 子句来设置节点的属性。同样需要注意的是,将节点的 id 属性设置为某个值,可能会出现设置某个特定值失败的情况,因为可能会发生冲突或者不允许将 id 设置为特定的值。

实体属性入库,Python 3 代码示例如下。

```python
#encoding=utf-8
import json,py2neo
from py2neo import Graph,Node,Relationship


if __name__=="__main__":
    #第一次采集的实体数据
    #file = open('../baike_crawl/baike_data.txt', encoding='utf-8')
    #增加百科图谱实体数据,第二次采集的人物实体数据
    file = open('../baike_crawl/baike_append_data.txt', encoding='utf-8')
    triple_list = []
    for line in file:
        if 'bkid' in json.loads(line).keys():
            bkid = json.loads(line)['bkid']
            name = json.loads(line)['ename']
            summary = json.loads(line)['summary']
            properties_json = {}
            properties_json['name'] = name
            properties_json['summary'] = summary
            basicinfo = json.loads(line)['basicinfo']
            for key,value in basicinfo.items():
                key = key.strip().replace(' ','')
                value = value.strip()
                properties_json[key] = value
            json_basic_info = {"id": bkid, "properties": properties_json}
            triple_list.append(json_basic_info)
    #打印数量
    print(len(triple_list))
    #根据 py2neo 版本采用不同的连接方式
    graph = Graph("http://localhost:7474", username="neo4j", password='123456')
    #graph = Graph("http://localhost:7474", auth=("neo4j", "123456"))
    #更新query
    #cypher_query = """MERGE (p:Person {id: $id}) ON CREATE SET p += $properties ON MATCH SET p += $new_properties RETURN p"""
    #创建merge query
    cypher_query = """MERGE (p:Celebrity {id: $id}) ON CREATE SET p +=
```

```
$properties RETURN p"""
    number = 0
    for parameters in triple_list:
        #运行 query
        try:
            result = graph.run(cypher_query, parameters)
            #打印结果
            for record in result:
                number += 1
                #记录数量
                #print(number)
        except:
            #记录异常
            print(record)
```

实体查询语句如下。

```
MATCH (s:Celebrity) RETURN count(s)
```

实体节点查询数量为 5139。

实体关系入库，Python 3 代码示例如下。

```
import json

from py2neo import Graph

#创建图数据库连接
#根据 py2neo 版本采用不同的连接方式
graph = Graph("http://localhost:7474", username="neo4j", password=
'123456')
#graph = Graph("http://localhost:7474", auth=("neo4j", "123456"))

if __name__=="__main__":
    file = open('../baike_crawl/baike_data.txt', encoding='utf-8')
    people_relation_list = []
    for line in file:
        name = json.loads(line)['name']
        bkid = json.loads(line)['bkid']
        people_relations = json.loads(line)['peoplerelations']
        for people_relation in people_relations:
            relation = people_relation.split('#')[1]
            target_bkid = people_relation.split('#')[3].split('?')[0]
.split('/')[-1]
            people_relation_list.append(bkid+'\01'+relation+'\01'+
str(target_bkid))
```

```
#记录关系数量
#print(people_relation_list)
for people_relation in people_relation_list:
    print(people_relation)
    a_id = people_relation.split('\01')[0]
    b_id = people_relation.split('\01')[-1]
    rel_type = people_relation.split('\01')[1]
    #关系 query
    query = '''MATCH (a:Celebrity),(b:Celebrity) WHERE a.id = $a_id AND
b.id = $b_id CREATE (a)-[r:`{}`]->(b) RETURN r '''.format(rel_type)
    print(query)
    #运行 query
    result = graph.run(query, a_id=a_id, b_id=b_id)
    print(result)
```

关系查询语句如下。

```
MATCH (:Celebrity)-[r]-() RETURN count(r)
```

关系查询数量为 11870。

图 7.9 所示为知识图谱查询后显示的图谱节点关系。

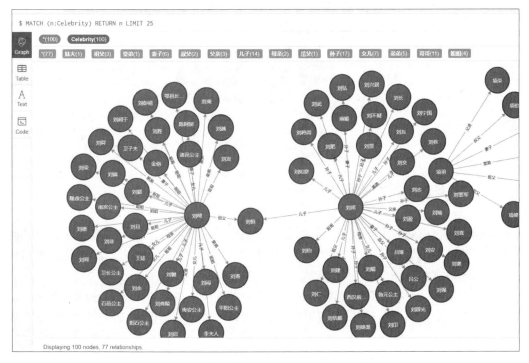

图 7.9　知识图谱查询后显示的图谱节点关系

图 7.10 所示为人物实体"刘邦"的关系示例。

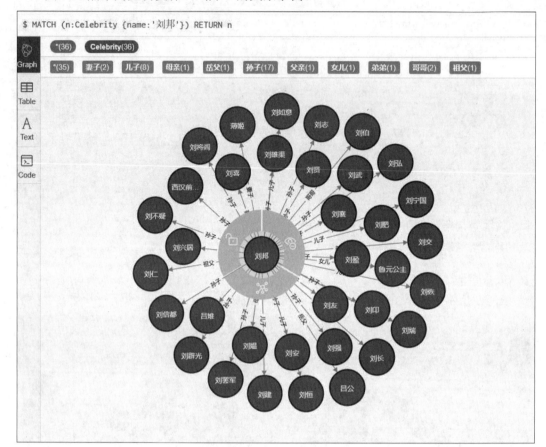

图 7.10　人物实体"刘邦"的关系示例

7.1.3　服务器端数据接口

数据访问接口是知识图谱可视化项目中至关重要的一部分，它可以被前端调用以实现各种功能，如查询、修改、删除等。这种接口需要被设计为开放的、易于使用的和安全的，以便前端能够轻松地使用它们来获取、展示和操作数据。

此外，数据访问接口还需要与前端、第三方数据源、搜索引擎等进行接口集成，以实现知识图谱数据的互通和共享。例如，接口可以与外部数据源集成，获取更丰富、更准确的数据，以丰富和完善知识图谱的内容；同时，通过与搜索引擎集成，可以实现知识图谱数据的全文搜索功能，提高数据的发现和检索效率。

Flask 是一种 Python Web 框架，它提供了一系列工具和库，用于快速创建 Web 应用程序。在知识图谱可视化项目中，Flask 可以用于搭建数据接口，为前端提供数据访问服务。

Flask 可以使用其提供的路由机制，将请求分发到相应的处理函数上。在处理函数中，可以通过调用其他的 Python 库或者自己编写的功能代码，实现对数据的处理和访问。这些处理函数可以返回响应数据，如 JSON 格式的数据，以便前端能够解析和使用这些数据。此外，Flask 还可以使用中间件等机制，实现对请求的拦截、处理和转发等功能，以便更好地处理数据请求。Flask 是连接前端和后端数据的关键，它提供了一种简单、灵活和可靠的方式，用于创建数据接口，使前端能够访问和操作数据。

Flask 是一个基于 Python 的轻量级 Web 应用框架，由 Armin Ronacher 在 2010 年创建。它使用 Werkzeug 作为底层工具箱，使用 Jinja2 模板引擎实现视图渲染，同时还提供了许多插件和扩展，使开发 Web 应用变得更加快捷和方便。

以下是 Flask 的一些特点和优点。

☑　简单易用：使用简单、直观的 API，易于学习和使用，同时具有足够的灵活性和扩展性。

☑　轻量级：核心代码非常小，只提供了基本的 Web 应用框架功能，不涉及数据库和表单等高级功能，因此非常轻量级。

☑　可扩展性：提供了丰富的扩展功能和插件，可以方便地扩展 Web 应用的功能和性能。

☑　RESTful 支持：提供了 RESTful API 的开发支持，可以方便地构建和管理 RESTful API。

☑　灵活性：使用装饰器和钩子函数等技术实现各种功能，具有足够的灵活性和可定制性，可以根据开发需求进行自定义开发。

Flask 的基本使用流程如下。

（1）安装 Flask：通过 pip 命令安装 Flask 库。

（2）创建 Flask 应用：在 Python 代码中创建 Flask 应用实例，并定义路由和视图函数等。

（3）运行 Flask 应用：使用 Flask 提供的 run()方法运行 Flask 应用，将其作为 Web 服务器运行。

总之，Flask 是一个轻量级、简单易用且可扩展的 Web 应用框架，具有足够的灵活性和可定制性，可以满足不同的开发需求。同时，Flask 也是一个非常活跃和流行的 Python Web 框架，有着广泛的社区和支持，可以提供各种有用的插件和工具。

Flask-RESTful 是一个基于 Flask 的 RESTful API 扩展，它使开发 RESTful API 变得更加简单和方便。Flask-RESTful 通过自定义 Flask 路由、视图和 HTTP 方法来实现 RESTful

API 的开发和管理，同时提供了丰富的扩展功能和工具。

以下是 Flask-RESTful 的一些特点和优点。

- ☑ 轻量级：基于 Flask 构建的，因此非常轻量级，易于安装和使用。
- ☑ 简单易用：提供了一套简单的 API 开发模型，使 API 的设计和开发变得更加简单和易用。
- ☑ 规范化：遵循 RESTful API 设计规范，支持标准 HTTP 方法和状态码，并提供了一些扩展功能和工具，如输入参数验证、错误处理等。
- ☑ 高性能：支持多线程和异步操作，能够处理大量请求和并发访问。
- ☑ 可扩展性：提供了丰富的扩展功能和工具，支持自定义路由、视图和 HTTP 方法等，能够满足不同的开发需求。

Flask-RESTful 的基本使用流程如下。

（1）安装 Flask-RESTful：通过 pip 命令安装 Flask-RESTful 扩展。

（2）创建 Flask 应用：在 Python 代码中创建 Flask 应用，并初始化 Flask-RESTful 扩展。

（3）创建 API 资源：定义 API 资源类，继承 Flask-RESTful 提供的 Resource 类，定义路由、HTTP 方法和视图函数等。

（4）启动 Flask 应用：通过 Flask 提供的 run()方法启动 Flask 应用。

实体查询接口如下。

```
#encoding=utf-8
from flask import Flask, make_response
from flask_restful import reqparse, Api, Resource ,request
import time,json,datetime
#Flask 相关变量声明
app = Flask(__name__)
api = Api(app)
from flask_cors import CORS
CORS(app)
CORS(app, resources={r'/*': {'origins': '*'}})
from py2neo import Graph,Node,Relationship

graph = Graph("http://localhost:7474", username="neo4j", password='123456')

class BaikeData(Resource):
    @app.route('/', methods=["POST"])
    def post(self):

        data = request.get_json()
```

```
        if 'keyword' in data.keys():
            query = 'match (star: Celebrity {name:"' + data['keyword'] +'"})
return star'
            result = graph.run(query).data()
            result_json = {}
            summary = result[0]['star']['summary']
            name = result[0]['star']['name']
            jsona = result[0]['star']
            jsona.pop('name')
            jsona.pop('summary')
            result_json['summary'] = summary
            result_json['name'] = name
            result_json['basicInfo'] = jsona
            # print(data)
            response_json = {"status":200,"respon":result_json}

            print(json.dumps(response_json))
            return response_json
        else:
            return {"message":"error"}


#设置路由，即路由地址为http://127.0.0.1:5000/baike
api.add_resource(BaikeData, "/star/attribute")


if __name__ == "__main__":
    app.run(host='0.0.0.0', debug=True,port=5000)
```

实体查询接口地址如下。

```
http://127.0.0.1:5000/star/attribute
```

参数如下。

```
{"keyword":keyword}
```

示例如下。

```
{"keyword":"刘邦"}
```

实体查询接口返回数据的格式如下。

```
{
    "status": 200,
    "respon": {
```

```
        "summary": "\n 刘邦（前 256 年\n \n/前 247 年\n \n一前 195 年 5 月 29 日
\n \n），字季，沛丰邑中阳里人（今江苏省徐州市丰县）\n    ，中国历史上杰出的政治家、
战略家，汉朝开国皇帝（前 202 年 2 月 26 日\n \n一前 195 年 5 月 29 日\n \n在位）。\n \n
刘邦出身农家，为人豁达大度\n \n。早年到外黄县跟随张耳。\n \n 秦朝建立后，出任沛县泗
水亭长。后因释放刑徒，亡匿于芒砀山中。陈胜起义后，集合三千子弟响应，攻占沛县，自称沛
公，投奔反秦义军首领项梁，任砀郡长，受封武安侯\n \n。秦二世三年（前 207 年）率军进驻
灞上，接受秦王子婴投降，废除秦朝苛法，约法三章。鸿门宴之后，受封为汉王，统治巴蜀及汉
中一带\n \n。同年五月，重返三秦之地\n \n，定都栎阳\n \n。他能够知人善任，虚心纳谏，
充分发挥部下的才能，积极整合反对西楚霸王项羽的力量，最终迫使项羽兵败自刎，于汉五年（前
202 年）赢得楚汉之争，统一天下。随后，刘邦即位于定陶汜水北岸\n    ，建立西汉。后迁都长
安\n \n。称帝之后，刘邦为稳固统治，陆续消灭臧荼、韩王信、韩信、彭越、英布等异姓诸侯
王\n \n，分封九个同姓诸侯王；同时建章立制，休养生息，励精图治。兵员归家，豁免徭役，
重农抑商\n \n，恢复社会经济，安抚人民，稳定统治\n \n。"白登之围"后，他宣布开放边境
关市，缓和汉匈关系。汉十二年（前 195 年），刘邦在讨伐英布叛乱时伤重不起，制定"白马之
盟"后驾崩，尊号高皇帝，庙号太祖，葬于长陵\n。",
        "name": "刘邦",
        "basicInfo": {
            "谥号": "高皇帝",
            "逝世日期": "公元前 195 年 5 月 29 日",
            "主要成就": "亡秦灭楚，建立汉朝，延续并巩固大一统\n 建章立制，休养生息，
恢复社会经济",
            "别名": "汉高祖、汉高帝、汉祖",
            "出生地": "沛丰邑中阳里人（今江苏省徐州市丰县）",
            "陵墓": "长陵",
            "全名": "刘邦",
            "逝世地": "长乐宫",
            "庙号": "太祖",
            "所处时代": "战国→秦朝→西汉",
            "主要作品": "大风歌、鸿鹄歌",
            "在位时间": "前 202 年 2 月 26 日一前 195 年 5 月 29 日\n[432-433]",
            "出生日期": "公元前 256 年(或前 247 年)",
            "字": "季",
            "民族族群": "汉族",
            "id": "129493"
        }
    }
}
```

关系查询接口代码如下。

```python
#encoding=utf-8
from flask import Flask
from flask_restful import reqparse, Api, Resource ,request
import time,json,datetime
```

```python
#Flask 相关变量声明
app = Flask(__name__)
api = Api(app)
from flask_cors import CORS
CORS(app)
CORS(app, resources={r'/*': {'origins': '*'}})
from py2neo import Graph,Node,Relationship

graph = Graph("http://localhost:7474", username="neo4j", password=
'123456')
class BaikeData(Resource):
    @app.route('/', methods=["POST"])
    def post(self):
        data = request.get_json()
        if 'keyword' in data.keys():
            #节点名称
            node_name = data['keyword']
            #运行 Cypher 查询
            query = """
            MATCH (a {name: $node_name})-[r]->(b)
            RETURN ID(r) AS id, a.name AS source_name, type(r) AS type, b.name
AS target_name, ID(a) AS source_id, ID(b) AS target_id
            """
            result = graph.run(query, node_name=node_name)
            #将结果转换为字典
            result_dict = {"links": []}
            for record in result:
                result_dict["links"].append({
                    "id": record["id"],
                    "source_name": record["source_name"],
                    "type": record["type"],
                    "target_name": record["target_name"],
                    "source_id": record["source_id"],
                    "target_id": record["target_id"]
                })
            links = result_dict['links']
            json_result = {}
            lista = []
            listb = []
            id = 1
            set_id = set()
            set_target_id = set()
            for link_json in links:
```

```
            print(json.dumps(link_json))
            id = link_json['source_id']
            origin_json = {}
            if link_json['source_id'] not in set_id:
                origin_json['id'] = str(link_json['source_id'])
                origin_json['text'] = link_json['source_name']
                origin_json['color'] = '#43a2f1'
                origin_json['fontColor'] = 'yellow'
                lista.append(origin_json)
                set_id.add(link_json['source_id'])
            target_json = {}
            if link_json['target_id'] not in set_id:
                target_json['id'] = str(link_json['target_id'])
                target_json['text'] = link_json['target_name']
                target_json['color'] = '#43a2f1'
                target_json['fontColor'] = 'yellow'
                lista.append(target_json)
                set_id.add(link_json['target_id'])
            target_id = str(link_json['source_id']) + ':' + str(link_
json['target_id'])
            if target_id not in set_target_id:
                to_json = {}
                to_json['from'] = str(link_json['source_id'])
                to_json['to'] = str(link_json['target_id'])
                to_json['text'] = link_json['type']
                to_json['color'] = '#43a2f1'
                listb.append(to_json)
                set_target_id.add(target_id)
        json_result['rootId'] = str(id)
        json_result['nodes'] = lista
        json_result['lines'] = listb
        print(json.dumps(json_result,ensure_ascii=False))
        response_json = {"status":200,"respon":json_result}
        return response_json


#设置路由，即路由地址为 http://127.0.0.1:5000/baike
api.add_resource(BaikeData, "/relationship")


if __name__ == "__main__":
    app.run(host='0.0.0.0', debug=True,port=5001)
```

接口地址如下。

```
http://127.0.0.1:5001/relationship
```

参数如下。

```
{"keyword":keyword}
```

示例如下。

```
{"keyword":"刘邦"}
```

返回的数据格式示例如下。

{ "status": 200, "respon": { "rootId": "72988", "nodes": [{ "id": "72988", "text": "刘邦", "color": "#43a2f1", "fontColor": "yellow" }, { "id": "74401", "text": "刘弘", "color": "#43a2f1", "fontColor": "yellow" }, { "id": "74413", "text": "刘武", "color": "#43a2f1", "fontColor": "yellow" }, { "id": "74433", "text": "刘不疑", "color": "#43a2f1", "fontColor": "yellow" }, { "id": "74263", "text": "刘强", "color": "#43a2f1", "fontColor": "yellow" }, { "id": "74469", "text": "西汉前少帝", "color": "#43a2f1", "fontColor": "yellow" }, { "id": "74400", "text": "刘印", "color": "#43a2f1", "fontColor": "yellow" }, { "id": "74412", "text": "刘志", "color": "#43a2f1", "fontColor": "yellow" }, { "id": "78220", "text": "刘辟光", "color": "#43a2f1", "fontColor": "yellow" }, { "id": "74432", "text": "刘将闾", "color": "#43a2f1", "fontColor": "yellow" }, { "id": "74262", "text": "刘安", "color": "#43a2f1", "fontColor": "yellow" }, { "id": "74468", "text": "刘信都", "color": "#43a2f1", "fontColor": "yellow" }, { "id": "74399", "text": "刘宁国", "color": "#43a2f1", "fontColor": "yellow" }, { "id": "74261", "text": "刘罢军", "color": "#43a2f1", "fontColor": "yellow" }, { "id": "74467", "text": "刘兴居", "color": "#43a2f1", "fontColor": "yellow" }, { "id": "74398", "text": "刘襄", "color": "#43a2f1", "fontColor": "yellow" }, { "id": "74411", "text": "刘贤", "color": "#43a2f1", "fontColor": "yellow" }, { "id": "74431", "text": "刘雄渠", "color": "#43a2f1", "fontColor": "yellow" }, { "id": "74260", "text": "吕公", "color": "#43a2f1", "fontColor": "yellow" }, { "id": "74466", "text": "刘仁", "color": "#43a2f1", "fontColor": "yellow" }, { "id": "74397", "text": "刘交", "color": "#43a2f1", "fontColor": "yellow" }, { "id": "74410", "text": "刘伯", "color": "#43a2f1", "fontColor": "yellow" }, { "id": "74430", "text": "刘喜", "color": "#43a2f1", "fontColor": "yellow" }, { "id": "74259", "text": "刘媪", "color": "#43a2f1", "fontColor": "yellow" }, { "id": "74385", "text": "刘端", "color": "#43a2f1", "fontColor": "yellow" }, { "id": "74396", "text": "鲁元公主", "color": "#43a2f1", "fontColor": "yellow" }, { "id": "74409", "text": "刘肥", "color": "#43a2f1", "fontColor": "yellow" }, { "id": "74384", "text": "刘长", "color": "#43a2f1", "fontColor": "yellow" }, { "id": "74395", "text": "刘恢", "color": "#43a2f1", "fontColor": "yellow" }, { "id": "74359", "text": "刘恒", "color": "#43a2f1", "fontColor": "yellow" }, { "id": "74429", "text": "刘如意", "color": "#43a2f1",

"fontColor": "yellow" }, { "id": "74258", "text": "刘建", "color": "#43a2f1",
"fontColor": "yellow" }, { "id": "74383", "text": "刘盈", "color": "#43a2f1",
"fontColor": "yellow" }, { "id": "74394", "text": "刘友", "color": "#43a2f1",
"fontColor": "yellow" }, { "id": "74428", "text": "薄姬", "color": "#43a2f1",
"fontColor": "yellow" }, { "id": "74156", "text": "吕雉", "color": "#43a2f1",
"fontColor": "yellow" }], "lines": [{ "from": "72988", "to": "74401",
"text": "孙子", "color": "#43a2f1" }, { "from": "72988", "to": "74413",
"text": "孙子", "color": "#43a2f1" }, { "from": "72988", "to": "74433",
"text": "孙子", "color": "#43a2f1" }, { "from": "72988", "to": "74263",
"text": "孙子", "color": "#43a2f1" }, { "from": "72988", "to": "74469",
"text": "孙子", "color": "#43a2f1" }, { "from": "72988", "to": "74400",
"text": "孙子", "color": "#43a2f1" }, { "from": "72988", "to": "74412",
"text": "孙子", "color": "#43a2f1" }, { "from": "72988", "to": "78220",
"text": "孙子", "color": "#43a2f1" }, { "from": "72988", "to": "74432",
"text": "孙子", "color": "#43a2f1" }, { "from": "72988", "to": "74262",
"text": "孙子", "color": "#43a2f1" }, { "from": "72988", "to": "74468",
"text": "孙子", "color": "#43a2f1" }, { "from": "72988", "to": "74399",
"text": "孙子", "color": "#43a2f1" }, { "from": "72988", "to": "74261",
"text": "孙子", "color": "#43a2f1" }, { "from": "72988", "to": "74467",
"text": "孙子", "color": "#43a2f1" }, { "from": "72988", "to": "74398",
"text": "孙子", "color": "#43a2f1" }, { "from": "72988", "to": "74411",
"text": "孙子", "color": "#43a2f1" }, { "from": "72988", "to": "74431",
"text": "孙子", "color": "#43a2f1" }, { "from": "72988", "to": "74260",
"text": "岳父", "color": "#43a2f1" }, { "from": "72988", "to": "74466",
"text": "祖父", "color": "#43a2f1" }, { "from": "72988", "to": "74397",
"text": "弟弟", "color": "#43a2f1" }, { "from": "72988", "to": "74410",
"text": "哥哥", "color": "#43a2f1" }, { "from": "72988", "to": "74430",
"text": "哥哥", "color": "#43a2f1" }, { "from": "72988", "to": "74259",
"text": "母亲", "color": "#43a2f1" }, { "from": "72988", "to": "74385",
"text": "父亲", "color": "#43a2f1" }, { "from": "72988", "to": "74396",
"text": "女儿", "color": "#43a2f1" }, { "from": "72988", "to": "74409",
"text": "儿子", "color": "#43a2f1" }, { "from": "72988", "to": "74384",
"text": "儿子", "color": "#43a2f1" }, { "from": "72988", "to": "74395",
"text": "儿子", "color": "#43a2f1" }, { "from": "72988", "to": "74359",
"text": "儿子", "color": "#43a2f1" }, { "from": "72988", "to": "74429",
"text": "儿子", "color": "#43a2f1" }, { "from": "72988", "to": "74258",
"text": "儿子", "color": "#43a2f1" }, { "from": "72988", "to": "74383",
"text": "儿子", "color": "#43a2f1" }, { "from": "72988", "to": "74394",
"text": "儿子", "color": "#43a2f1" }, { "from": "72988", "to": "74428",
"text": "妻子", "color": "#43a2f1" }, { "from": "72988", "to": "74156",
"text": "妻子", "color": "#43a2f1" }] } }

7.2　知识图谱可视化

7.2.1　前端项目

知识图谱可视化是将知识图谱数据以可视化的形式展现出来,以便于人们更好地理解和使用这些数据。知识图谱可视化通常使用图形、网络、图表等方式将知识图谱中的实体、关系和属性呈现出来,使这些信息更加直观和易于理解。

Vue.js 和 Node.js 都是在知识图谱可视化项目中常用的技术。Vue.js 是一种流行的 JavaScript 前端框架,它可以用于构建用户界面和单页应用程序。在知识图谱可视化项目中,Vue.js 可以用于创建丰富的交互式用户界面和组件,包括图表、表格和表单等。Node.js 则是一种 JavaScript 运行时环境,它可以在服务器端执行 JavaScript 代码。Node.js 可以用于创建数据接口和处理数据请求,以便前端能够访问和操作数据。Node.js 还可以用于调用第三方 API 或者处理复杂的数据计算和分析等任务。

通过使用 Vue.js 和 Node.js,可以将前端和后端的开发分离,使开发过程更加模块化和高效。前端开发人员可以专注于构建用户界面和交互功能,后端开发人员则可以专注于数据接口和数据处理等任务。同时,Vue.js 和 Node.js 都有大量的社区支持和丰富的插件及库,可以极大地提高开发效率和代码质量。

人物知识图谱的前端参考了 vue-d3-graph 项目与 relation-graph 项目,vue-d3-graph 项目的地址为 https://github.com/CoderWanp/vue-d3-graph, relation-graph 项目的地址为 http://relation-graph.com/#/demo/simple。前端项目在 vue-d3-graph 的基础上对数据交互和图谱效果展示方面进行了修改,引入了 relation-graph 中的 js 实现对图谱的可视化。图 7.11 所示为前端项目目录结构。

这个前端可视化工程使用了 Vue.js 框架,Vue.js 是一个轻量级的 JavaScript 框架,专注于构建用户界面。为了运行该工程,需要先安装 Node.js 开发环境。Node.js 是一个基于 Chrome V8 引擎的 JavaScript 运行环境,可以使 JavaScript 代码运行在服务器端。

安装了 Node.js,就可以开始安装该项目的所有依赖包。这些依赖包包括在该项目中使用的所有 JavaScript 库、框架和插件,以及其他需要的工具和资源。

安装依赖包需要打开命令行终端并导航到项目的根目录。在根目录下,运行 npm install 命令以安装所有依赖包。这个命令会自动读取项目的 package.json 文件,并下载和安装所有依赖包及其依赖项。安装完成可以运行 npm run serve 命令来启动应用程序。该命令会在本地服务器上启动应用程序,并打开一个浏览器窗口来显示该应用程序的主页。启动成功后，可以使用浏览器访问该应用程序，并开始使用它提供的所有功能。如果需要对应用程序进行修改和调试，可以在项目的前端目录中编辑相应的文件，前端项目逻辑代码如图 7.12 所示，然后重新运行 npm run serve 命令来更新应用程序并查看相应的更改。

img	333,172	319,960	文件夹	2022/9/4 15:31
node_modules	207,222,7...	57,876,148	文件夹	2023/3/8 23:34
public	4,899	1,215	文件夹	2022/9/4 15:31
src	94,752	29,963	文件夹	2023/1/7 19:06
.browserslistrc	30	32	BROWSERSLISTR...	2022/9/4 15:31
.DS_Store	6,148	195	DS_STORE 文件	2023/3/9 22:51
.editorconfig	121	94	EDITORCONFIG ...	2022/9/4 15:31
.eslintrc.js	344	200	JavaScript 文件	2022/9/4 15:31
.gitignore	231	145	GITIGNORE 文件	2022/9/4 15:31
babel.config.js	73	68	JavaScript 文件	2022/9/4 15:31
LICENSE	1,066	627	文件	2022/9/4 15:31
package.json	1,111	408	JSON 文件	2023/3/8 23:25
package-lock.j...	1,411,739	260,129	JSON 文件	2023/3/8 23:34
README.md	6,228	2,934	MD 文件	2022/9/4 15:31
yarn.lock	468,581	109,722	LOCK 文件	2023/3/8 23:34

图 7.11　前端项目目录结构

```
34    },
35    methods: {
36      showSeeksGraph () {
37        const params = {
38          keyword: this.getInput
39        }
40        axios.post('http://localhost:8080/relationship', params).then(res => {
41          if (res.status === 200) {
42            this.graphJsonData = res.data.respon
43            this.$refs.seeksRelationGraph.setJsonData(this.graphJsonData, (seeksRGGraph) => {
44              // Called when the relation-graph is completed
45            })
46          }
47        }).catch(err => {
48          console.log('err', err)
49
50        })
51      },
52      onNodeClick (nodeObject, $event) {
53        console.log('onNodeClick:', nodeObject)
54      },
55      onLineClick (lineObject, $event) {
56        console.log('onLineClick:', lineObject)
57      }
58    }
59  }
60  </script>
```

图 7.12　前端项目逻辑代码

　　gSearch.vue、1dView.vue 和 2dView.vue 是核心逻辑代码，gSearch.vue 与 1dView.vue 的代码主要参考了 vue-d3-graph 的实现逻辑，gSearch.vue 代码在搜索框调用实体查询接

口如下。

```
<template>
    <div style="margin-top: 20px;width: 500px;">
        <el-autocomplete style="width: 500px" class="inline-input"
v-model="input" :fetch-suggestions="querySearch"
            placeholder="请输入内容" :trigger-on-focus="false" @select=
"handleSelect" clearable>
            <el-button slot="append" type="success" icon="el-icon-
search" @click="query">搜索</el-button>
        </el-autocomplete>
    </div>
</template>
<!-- http://127.0.0.1:5000/star/attribute -->
<!-- http://127.0.0.1:5001/relationship -->

<script>
import axios from 'axios'
export default {
  name: 'gSearch',
  data () {
    return {
      input: '',
      mode: '1',
      //后台请求到的 JSON 数据
      data: {},
      results: []
    }
  },
  methods: {
    //搜索
    query () {
      const params = {
        keyword: this.input
      }
      axios.post('http://localhost:8080/star/attribute', params).
then(res => {
        if (res.status === 200) {
          this.data = res.data.respon
          this.$emit('getData', this.data)
          this.$store.commit('updateInput', this.input)
        }
      }).catch(err => {
        console.log('err', err)
```

205

```
      })
    },
    querySearch (queryString, cb) {
      var res = this.results
      var results = queryString ? res.filter(this.createFilter
(queryString)) : res
      //调用 cb 函数返回建议列表的数据
      cb(results)
    },
    createFilter (queryString) {
      return (res) => {
        return (res.value.toLowerCase().indexOf(queryString.
toLowerCase()) !== -1)
      }
    },
    handleSelect (item) {
      console.log(item)
    }
  }
}
</script>

<style lang='scss' scoped>
    .el-select {
        width: 120px;
    }

    .input-with-select .el-input-group__prepend {
        background-color: #6ecbf3;
    }
}
</style>
```

1dView.vue 代码展示实体查询的数据。

```
<template>
  <div class="gContainer">
    <div class="search-box">
      <gSearch @getData="update" />
    </div>
    <section class="personal-info">
      <h2 class="name" >{{searchResult.name}}</h2>
      <div class="basic-info">
        <div class="info-icon-box">
          <span class="info-icon"></span>
```

```
              <span class="basic-text">基本信息</span>
          </div>
          <div class="info-cont">
            <div class="all-generalization">{{searchResult.summary}}</div>
            <div class="detailed-desc"></div>
          </div>
          <div class="line-desc-box cmn-clearfix">
              <dl class="basicInfo-block basicInfo-left" v-for="(val, key) in
searchResult.basicInfo" :key="key">
                  <dt class="basicInfo-item name" >{{key}}</dt>
                  <dd class="basicInfo-item value">{{val}}</dd>
              </dl>
          </div>
        </div>
      </section>
      <d3graph
        :data="data"
        :names="names"
        :labels="labels"
        :linkTypes="linkTypes"
      />
    </div>
</template>

<script>
import gSearch from '@/components/gSearch.vue'
import d3graph from '@/components/d3graph.vue'
export default {
  components: {
    gSearch,
    d3graph
  },
  data () {
    return {
      //d3jsonParser()处理 JSON 后返回的结果
      data: {
        nodes: [],
        links: []
      },
      names: ['企业', '贸易类型', '地区', '国家'],
      labels: ['Enterprise', 'Type', 'Region', 'Country'],
      linkTypes: ['', 'type', 'locate', 'export'],
      searchResult: {
        summary: '',
```

```javascript
      basicInfo: {}
    }
  }
},
methods: {
  //视图更新
  update (json) {
    this.searchResult = json
    console.log('searchResult', this.searchResult)
    //this.d3jsonParser(json)
  },
  /*eslint-disable*/
  //解析 JSON 数据，主要负责数据的去重、标准化
  d3jsonParser (json) {
    const nodes =[]
    const links = []            //存放节点和关系
    const nodeSet = []          //存放去重后 nodes 的 id


    for (let item of json) {
      for (let segment of item.p.segments) {
        //重新更改数据格式
        if (nodeSet.indexOf(segment.start.identity) == -1) {
          nodeSet.push(segment.start.identity)
          nodes.push({
            id: segment.start.identity,
            label: segment.start.labels[0],
            properties: segment.start.properties
          })
        }
        if (nodeSet.indexOf(segment.end.identity) == -1) {
          nodeSet.push(segment.end.identity)
          nodes.push({
            id: segment.end.identity,
            label: segment.end.labels[0],
            properties: segment.end.properties
          })
        }
        links.push({
          source: segment.relationship.start,
          target: segment.relationship.end,
          type: segment.relationship.type,
          properties: segment.relationship.properties
        })
```

```
          }
        }
      console.log(nodes)
      console.log(links)
      // this.links = links
      // this.nodes = nodes
      this.data = { nodes, links }
      // return { nodes, links }
    }
  }
}
</script>

<style lang="scss" scoped>
* {
    margin: 0;
    padding: 0;
}
.gContainer {
  position: relative;
  border: 2px #000 solid;
  background-color: #9dadc1;
  overflow: hidden;
  .search-box {
    display: flex;
    flex-direction: column;
    align-items: center;
    justify-content: center;
  }
  .personal-info {
    margin: 40px 0 0 20%;
    width: 60%;
    .basic-info {
      .info-icon-box {
        margin: 10px 0;
        .info-icon {
          display: inline-block;
          width: 8px;
          height: 16px;
          background-color: #609ce8;
        }
        .basic-text {
          font-size: 20px;
          margin-left: 10px;
```

```
        }
      }
    }
  .info-cont {
      text-indent: 2rem;
      font-size: 15px;
      .detailed-desc {
          margin-top: 10px;
          line-height: 25px;
      }
  }
.line-desc-box {
    margin: 20px 0 35px;
    overflow: hidden;
    clear: both;
    background: url(https://bkssl.bdimg.com/static/wiki-lemma/widget/
lemma_content/mainContent/basicInfo/img/basicInfo-bg_ccaff81.png);
    .basicInfo-block {
        width: 395px;
        float: left;
        .basicInfo-item {
            line-height: 26px;
            display: block;
            padding: 0;
            margin: 0;
            float: left;
        }
        .name {
            width: 90px;
            padding: 0 5px 0 12px;
            font-weight: 700;
            overflow: hidden;
            text-overflow: ellipsis;
            white-space: nowrap;
            word-wrap: normal;
            color: #999;
        }
        .name:before {
            content: '';
            display: block;
        }
        .value {
            zoom: 1;
            color: #333;
```

```
            width: 285px;
            float: left;
            position: relative;
            word-break: break-all;
        }
        }
    }
}
.cmn-clearfix:after {
    content: '\0020';
    display: block;
    height: 0;
    font-size: 0;
    clear: both;
    overflow: hidden;
    visibility: hidden;
    }
  }
</style>
```

2dView.vue 参考了 GitHub 上 relation-graph 项目，该项目的图谱实现效果如图 7.13
所示。

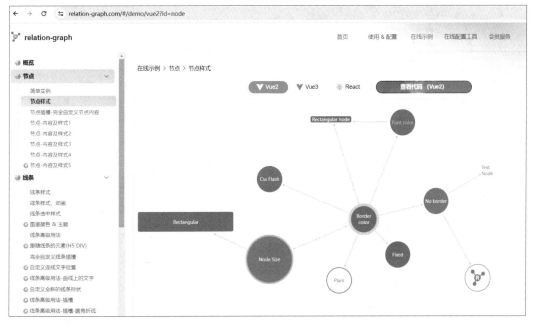

图 7.13 relation-graph 项目的图谱实现效果

第一步需要引入项目，引入命令为 npm install --save relation-graph，然后可以调整以下示例代码中的 options、nodes、lines 的配置以实现不同的展示效果，通过事件在图谱中实现交互式功能，下面是其使用 Vue2 的简单 demo 的实现代码。

```
<template>
  <div>
    <div style="height:calc(100vh - 50px);">
      <RelationGraph ref="seeksRelationGraph" :options="graphOptions"
:on-node-click="onNodeClick" :on-line-click="onLineClick" />
    </div>
  </div>
</template>

<script>
//relation-graph 也支持在 main.js 文件中使用 Vue.use(RelationGraph);。这样就不
需要使用下面这一行代码来引入了
import RelationGraph from 'relation-graph'
export default {
  name: 'Demo',
  components: { RelationGraph },
  data() {
    return {
      graphOptions: {
        allowSwitchLineShape: true,
        allowSwitchJunctionPoint: true,
        defaultJunctionPoint: 'border'
        //这里可以参考 relation-graph 项目文档的参数进行设置
      }
    }
  },
  mounted() {
    this.showSeeksGraph()
  },
  methods: {
    showSeeksGraph() {
      const __graph_json_data = {
        rootId: 'a',
        nodes: [
          { id: 'a', text: 'A', borderColor: 'yellow' },
          { id: 'b', text: 'B', color: '#43a2f1', fontColor: 'yellow' },
          { id: 'c', text: 'C', nodeShape: 1, width: 80, height: 60 },
          { id: 'e', text: 'E', nodeShape: 0, width: 150, height: 150 }
        ],
```

```
        lines: [
          { from: 'a', to: 'b', text: '关系 1', color: '#43a2f1' },
          { from: 'a', to: 'c', text: '关系 2' },
          { from: 'a', to: 'e', text: '关系 3' },
          { from: 'b', to: 'e', color: '#67C23A' }
        ]
      }
```

//以上数据中的 node 和 link 可以参考 relation-graph 项目文档中"Node 节点"和"Link 关系"中的参数进行配置

```
      this.$refs.seeksRelationGraph.setJsonData(__graph_json_data,
(seeksRGGraph) => {
        //Called when the relation-graph is completed
      })
    },
    onNodeClick(nodeObject, $event) {
      console.log('onNodeClick:', nodeObject)
    },
    onLineClick(lineObject, $event) {
      console.log('onLineClick:', lineObject)
    }
  }
}
</script>
```

将代码在项目中进行如下修改。

```
<template>
  <div>
    <div style="height:calc(100vh - 50px);">
      <RelationGraph ref="seeksRelationGraph" :options="graphOptions"
:on-node-click="onNodeClick" :on-line-click="onLineClick" />
    </div>
  </div>
</template>

<script>
```
//relation-graph 也支持在 main.js 文件中使用 Vue.use(RelationGraph);。这样就不需要使用下面这一行代码来引入了
```
import RelationGraph from 'relation-graph'
import axios from 'axios'
export default {
  name: 'Demo',
  components: { RelationGraph },
  data () {
    return {
```

```
      graphOptions: {
        allowSwitchLineShape: true,
        allowSwitchJunctionPoint: true,
        defaultJunctionPoint: 'border',
        graphJsonData: {}
        //这里可以参考 relation-graph 项目文档中的参数进行设置
      }
    }
  },
  computed: {
    getInput () {
      return this.$store.state.input
    }
  },
  mounted () {
    this.showSeeksGraph()
  },
  methods: {
    showSeeksGraph () {
      const params = {
        keyword: this.getInput
      }
      axios.post('http://localhost:8080/relationship', params).then(res
=> {
        if (res.status === 200) {
          this.graphJsonData = res.data.respon
          this.$refs.seeksRelationGraph.setJsonData(this.graphJsonData,
(seeksRGGraph) => {
            //在关系图谱完成时调用
          })
        }
      }).catch(err => {
        console.log('err', err)

      })
    },
    onNodeClick (nodeObject, $event) {
      console.log('onNodeClick:', nodeObject)
    },
    onLineClick (lineObject, $event) {
      console.log('onLineClick:', lineObject)
    }
  }
}
</script>
```

7.2.2　图谱可视化

图谱可视化步骤如下。

1．配置环境，安装依赖包

在命令行中运行 npm install 命令，系统将自动安装所需的依赖包。这些依赖包将会被存储在项目根目录下的 node_modules 文件夹中。当启动 npm 时，可能会遇到 OpenSSL 的问题。在这种情况下，可以设置 NODE_OPTIONS 环境变量来解决。在命令行中输入 set NODE_OPTIONS=--openssl-legacy-provider 即可设置 NODE_OPTIONS。

2．启动运行环境

在安装了所需的依赖包并设置了 NODE_OPTIONS 环境变量之后，可以通过运行 npm run serve 命令来启动 npm。这将会启动一个服务器，使应用程序能够在本地运行。

3．项目运行结果

项目中需要使用实体属性查询与关系查询接口。接口将查询数据，并将结果展示在浏览器中。端口号为 8080，实体查询接口地址为 http://127.0.0.1:5000/star/ attribute，关系查询接口地址为 http://127.0.0.1:5001/star/relationship，后端启动运行实体属性查询与关系查询，查询接口，在浏览器输入项目地址，再启动前端项目，在搜索框输入实体名字进行搜索，这时前端会调用实体属性查询与关系查询接口，传递参数{"keyword":"孔子"}，然后前端会渲染查询展示效果。图 7.14 所示为实体属性查询展示结果（项目地址为 http://localhost:8080/）。

图 7.14　实体属性查询

实体查询之后单击"2D 知识图谱"超链接，可以跳转到实体关系查询显示页面，如图 7.15 所示。

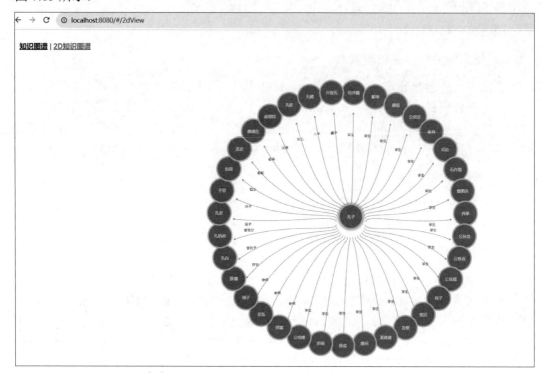

图 7.15　实体关系查询

第 8 章
知识图谱与大语言模型

本章重点讨论知识图谱与大型语言模型之间的关系。

在 8.1 节中,着重介绍大型语言模型的发展以及它们在实践中的部署和应用情况。我们将探讨一些已经存在的大型语言模型,并讨论它们在各种领域的使用和应用。

在 8.2 节中,重点讨论知识图谱与大型语言模型之间的协同作用。我们探讨如何将知识图谱与大型语言模型结合起来,以共同提高模型在理解、生成、推理和问题回答等任务上的性能。具体而言,我们将探讨如何利用知识图谱的结构化知识来丰富大型语言模型的知识,以及如何利用大型语言模型的语言理解和生成能力来提升对知识图谱的理解和推理能力。

8.1 大语言模型

大语言模型(LLM 或 LLMS)是指基于深度学习的模型,通过大规模文本数据的训练来学习自然语言的潜在结构和模式。它具备强大的语言处理能力,能够生成自然、连贯的文本,同时也能理解和处理自然语言的含义。

大语言模型在自然语言处理领域具有广泛的应用。它可以用于:文本分类,即将文本分为不同的类别或标签;问答系统,即回答用户提出的问题;对话系统,即与用户进行交互式对话;文本生成,即根据给定的上下文生成新的文本等。通过训练大语言模型,我们可以为这些任务提供准确、流畅且具有上下文一致性的自然语言处理能力。

大语言模型的训练通常采用预训练和微调的策略。在预训练阶段,模型使用大量无监督的语言数据进行训练,以学习语言的统计特征和上下文关系。在微调阶段,模型通过在特定任务上的有监督训练进一步优化性能。这种预训练和微调的方法使大语言模型能够在各种自然语言任务上取得出色的效果。

8.1.1 大语言模型概述

大语言模型是当前人工智能和自然语言处理领域中最重要的研究和产业方向之一。

大语言模型指的是参数规模庞大的神经网络模型，具有数十亿到数千亿个参数。这些模型通过大规模的预训练和微调过程，能够从海量的文本数据中学习语言的统计规律和语义信息。

大语言模型的出现极大地推动了自然语言处理和人工智能的发展。它们在许多任务上取得了令人瞩目的成果，包括语言生成、机器翻译、问答系统、摘要生成、对话系统等。相比于传统的浅层模型，大语言模型能够捕捉更多的语言特征和语义关系，从而产生更准确、连贯的输出。

大语言模型的应用涵盖了众多领域，包括互联网搜索引擎、智能助手、自动化客服、智能翻译、医疗诊断、金融分析等，大语言模型在改善用户体验、提高工作效率、辅助决策等方面发挥着重要作用。

大语言模型发展如图 8.1 所示（图 8.1 来源于论文 *Harnessing the Power of LLMs in Practice: A Survey on ChatGPT and Beyond*）。

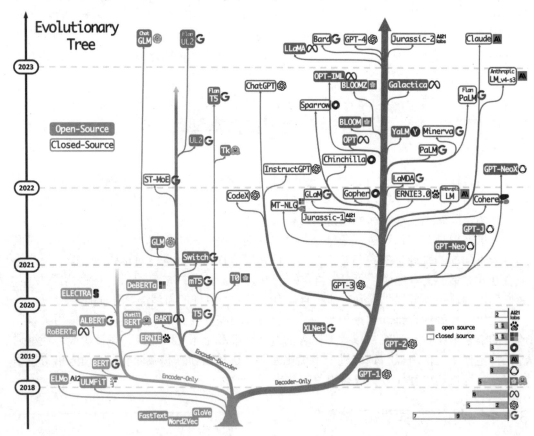

图 8.1　大语言模型发展

8.1.2　ChatGPT

2022 年年底，OpenAI 推出了 ChatGPT（Chat Generative Pre-trained Transformer）。2023 年，ChatGPT 迅速火遍全球，短短两个月用户活跃量破亿。ChatGPT 本质是 OpenAI 自主研发的 GPT 语言大语言模型，ChatGPT 通过在大规模语料库上进行预训练，使其具备了强大的语言理解和生成能力。

ChatGPT 目前主要以文本交互的方式进行，除了能够进行与人类自然对话类似的交流，还可以应用于各种复杂的语言任务，如自动生成文本、进行自动问答、生成摘要等多种任务。无论是在生成文本内容还是在回答问题或总结信息方面，ChatGPT 都展现出了很高的灵活性和多样性。它的应用领域非常广泛，能够提供各种语言处理任务的自动化解决方案。

2023 年 3 月，ChatGPT 发布 GPT-4，GPT-4 是多模态大语言模型。相较于之前的版本，GPT-4 在图像和文本输入以及文本输出方面都有了重大的突破，回答准确性大幅提高。该模型具备强大的图像识别能力，并且可以接收更长的文本输入。GPT-4 的特点主要体现在 3 个方面。① GPT-4 的训练数据规模更大，吸收了更多的文本和图像数据，使得模型具备了更广泛的知识和上下文理解能力。② GPT-4 支持多元的输出和输入形式，不仅可以接收多种类型的输入数据，还可以生成多样化的文本输出结果。这种灵活性使 GPT-4 在应对各种语言任务时更加适用。③ GPT-4 在专业领域的学习能力得到了进一步增强，它可以更好地适应特定领域的知识和术语，并生成与专业内容相关的高质量文本。

通过使用 ChatGPT，我们可以轻松地进行日常开发和使用的修改。

（1）自动文本生成：ChatGPT 可以用于生成文本，如写作邮件、文章、博客等。用户可以提供一些关键信息或指导，ChatGPT 将根据要求生成相应的文本内容。

（2）自动问答：ChatGPT 可以用于回答问题。用户提出问题，ChatGPT 会尽力提供相应的答案或解决方案。这对于解决常见问题、查找信息或快速获取指导非常有用。

（3）自动摘要：ChatGPT 可以帮助生成文本的摘要，将长篇文章或文档精炼为简洁的摘要，方便浏览和理解。

（4）任务辅助：ChatGPT 可以在开发过程中提供帮助和指导。如用户向 ChatGPT 提出有关代码、算法、数据处理等方面的问题，将获得相应的建议和解决方案。

正则表达式是一种强大的文本模式匹配工具，可以从输入文本中提取特定模式的信息。图 8.2 展示了 ChatGPT 使用正则表达式的示例。

ChatGPT 可以根据上文中的信息和对上下文的理解，更好地满足用户的需求。它可以通过上文提供的背景知识和指令，以及上下文中的相关信息，进行更准确、个性化的回答和交互。这种能力使 ChatGPT 在与用户的对话中能够更加灵活和智能地适应不同的情境和需求，并根据上文的意图和要求提供更加详细、准确的响应和建议。无论是进行文本生成、问答、摘要还是其他任务，ChatGPT 都可以根据上文的输入和上下文的变化进行相应的调整和优化，以提供更好的用户体验，满足用户需求。

图 8.2　ChatGPT 使用正则表达式

图 8.3 为 ChatGPT 根据上文输入和输出完善一小段 HTML 代码的示例。图 8.3 的左侧展示了第一次提问时 ChatGPT 的回答，右侧展示了第二次提问时 ChatGPT 的回答。左侧问题为"html 代码设置背景音乐自动播放，支持苹果浏览器，加一个按钮"；右侧问题为"加一个星星按钮标识播放音乐"。通过对比两次提问的回答可以得出，ChatGPT 在不同上下文中的响应差异。ChatGPT 能够根据先前的对话内容进行适应和调整，提供更加连贯和准确的回答，同时能够理解上下文的变化并与用户进行更深入的交互。这种能力使 ChatGPT 在对话过程中能够更好地理解用户的意图，并根据先前的对话历史记录生成更符合上下文的回答，提升了用户体验和对话的连贯性。

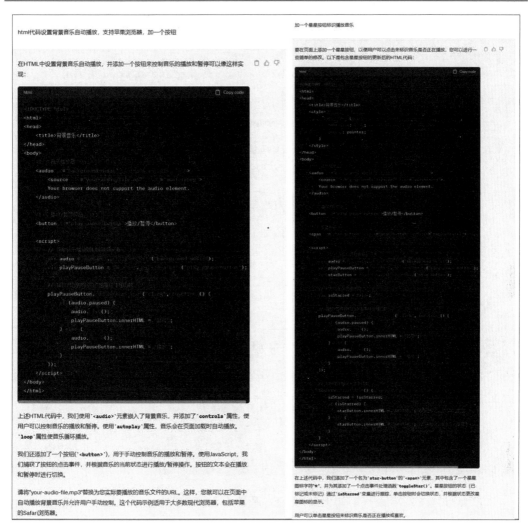

图 8.3　ChatGPT 根据上文输入输出完善一小段 HTML 代码

图 8.3 左图显示内容如下：

在 HTML 中设置背景音乐自动播放，并添加一个按钮来控制音乐的播放和暂停可以像这样实现：

```
<!DOCTYPE html>
<html>
<head>
    <title>背景音乐</title>
</head>
```

```
<body>
    <!-- 音乐播放器 -->
    <audio id="background-music" controls autoplay loop>
        <source src="your-audio-file.mp3" type="audio/mpeg">
        Your browser does not support the audio element.
    </audio>

    <!-- 播放/暂停按钮 -->
    <button id="play-pause-button">播放/暂停</button>

    <script>
        //获取音乐播放器和按钮的元素
        var audio = document.getElementById("background-music");
        var playPauseButton = document.getElementById("play-pause-
button");

        //播放/暂停按钮的单击事件处理函数
        playPauseButton.addEventListener("click", function () {
            if (audio.paused) {
                audio.play();
                playPauseButton.innerHTML = "暂停";
            } else {
                audio.pause();
                playPauseButton.innerHTML = "播放";
            }
        });
    </script>
</body>
</html>
```

上述 HTML 代码中，我们使用<audio>元素嵌入了背景音乐，并添加了 controls 属性，使用户可以控制音乐的播放和暂停。使用 autoplay 属性，音乐会在页面加载时自动播放。loop 属性使音乐循环播放。

此外，我们还添加了一个按钮（<button>），用于手动控制音乐的播放和暂停。使用 JavaScript，我们捕获了按钮的单击事件，并根据音乐的当前状态进行播放/暂停操作。按钮的文本会在播放和暂停时进行切换。

请将"your-audio-file.mp3"替换为你实际要播放的音乐文件的 URL。这样，你就可以在页面中自动播放背景音乐并允许用户手动控制。这个代码示例适用于大多数现代浏览器，包括苹果的 Safari 浏览器。

图 8.3 右图所示内容为如下：

要在页面上添加一个星星按钮，以便用户可以单击来标识音乐是否正在播放，你可以进行一些简单的修改。以下是包含星星按钮功能的更新后的 HTML 代码：

```
<!DOCTYPE html>
<html>
<head>
    <title>背景音乐</title>
    <style>
        .star-button {
            font-size: 20px;
            cursor: pointer;
        }
    </style>
</head>
<body>
    <!-- 音乐播放器 -->
    <audio id="background-music" controls autoplay loop>
        <source src="your-audio-file.mp3" type="audio/mpeg">
        Your browser does not support the audio element.
    </audio>

    <!-- 播放/暂停按钮 -->
    <button id="play-pause-button">播放/暂停</button>

    <!-- 星星按钮 -->
    <span id="star-button" class="star-button" onclick="toggleStar()">
&#9733;</span>

    <script>
        //获取音乐播放器和按钮的元素
        var audio = document.getElementById("background-music");
        var playPauseButton = document.getElementById("play-pause-
button");
        var starButton = document.getElementById("star-button");

        //初始化星星按钮状态
        var isStarred = false;

        //播放/暂停按钮的单击事件处理函数
        playPauseButton.addEventListener("click", function () {
            if (audio.paused) {
                audio.play();
                playPauseButton.innerHTML = "暂停";
            } else {
                audio.pause();
```

```
                  playPauseButton.innerHTML = "播放";
              }
        });

        //切换星星按钮状态的函数
        function toggleStar() {
            isStarred = !isStarred;
            if (isStarred) {
                starButton.innerHTML = "&#9733;"; //已标记，显示实心星星
            } else {
                starButton.innerHTML = "&#9734;"; //未标记，显示空心星星
            }
        }
    </script>
</body>
</html>
```

在上述代码中，我们添加了一个名为 star-button 的<span>元素，其中包含了一个星星
图标字符"★"，并为其添加了一个单击事件处理函数 toggleStar()。星星按钮的状态（已
标记或未标记）通过 isStarred 变量进行跟踪，单击按钮时会切换状态，并根据状态更改
星星图标的显示。

用户可以单击星星按钮来标识音乐是否正在播放或喜欢。

8.1.3 GLM 系列轻量级大语言模型

GLM 系列大语言模型是由清华大学 KEG 实验室和智谱 AI 共同研发的，其中包括了
ChatGLM-6B，这是一个开源的对话语言模型，支持中英双语问答，并经过了对中文的优
化。该模型基于通用语言模型（general language model，GLM）架构，拥有 62 亿个参数。
通过模型量化技术，用户可以在消费级显卡上进行本地部署，最低只需 6 GB 显存（在 INT4
量化级别下），这使用户可以方便地在本地环境中使用该模型。

1. ChatGLM-6B

ChatGLM-6B 在 Hugging Face 平台中展示如图 8.4 所示，可以通过该平台访问和使用
该模型。Hugging Face 提供了一个友好的界面，使用户能够轻松探索和利用 ChatGLM-6B
的功能。例如，用户可以查看模型的详细信息、示例代码和使用说明，并可以与其他用
户共享和讨论相关的资源。

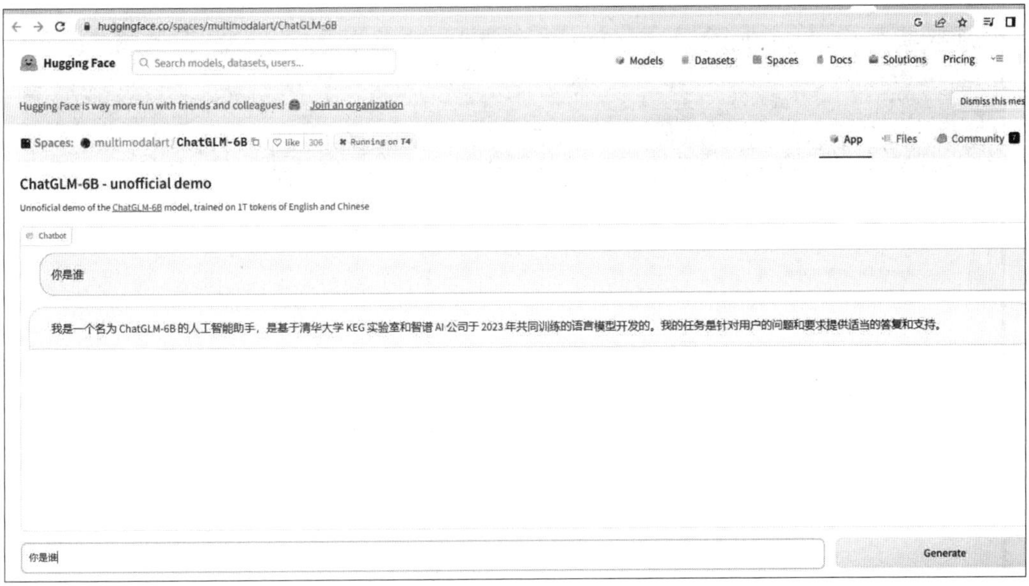

图 8.4　ChatGLM-6B 在 Hugging Face 平台中显示

2．ChatGLM-6B 部署

输入 nvidia-smi 命令可以查看 GPU 设备的详细信息，包括 GPU 的使用情况、显存使用情况、温度、功耗以及正在运行的进程等信息。另外还可以查看到支持的 CUDA 版本信息，如图 8.5 所示。

```
(AI) E:\ai\VisualGLM-6B>nvidia-smi
Mon Jun 12 17:12:49 2023
+-----------------------------------------------------------------------------+
| NVIDIA-SMI 531.30                 Driver Version: 531.30       CUDA Version: 12.1     |
|-----------------------------------------+----------------------+----------------------+
| GPU  Name                      TCC/WDDM | Bus-Id        Disp.A | Volatile Uncorr. ECC |
| Fan  Temp  Perf            Pwr:Usage/Cap|         Memory-Usage | GPU-Util  Compute M. |
|                                         |                      |               MIG M. |
|=========================================+======================+======================|
|   0  NVIDIA GeForce RTX 3080       WDDM | 00000000:01:00.0  On |                  N/A |
| 30%   33C    P8               27W / 320W|  10009MiB / 10240MiB |      0%      Default |
|                                         |                      |                  N/A |
+-----------------------------------------+----------------------+----------------------+

+---------------------------------------------------------------------------------------+
| Processes:                                                                            |
|  GPU   GI   CI        PID   Type   Process name                            GPU Memory |
|        ID   ID                                                             Usage      |
|=======================================================================================|
```

图 8.5　查看 CUDA 版本信息

接下来安装 CUDA 12.1 版本，NVIDIA 官网 CUDA 页面如图 8.6 所示。CUDA 安装包的下载网址为 https://developer.nvidia.com/cuda-12-1-0-download-archive。

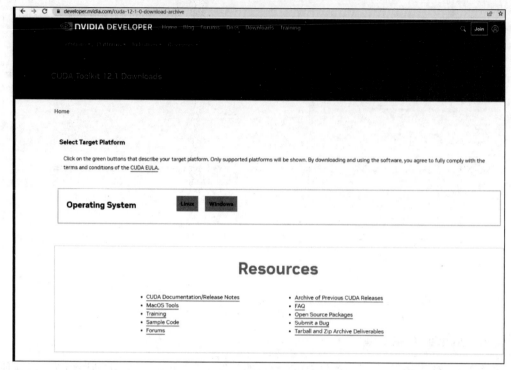

图 8.6　NVIDIA 官方网站 CUDA 页面

通过修改网址中的 cuda-12-1-0-download-archive 后缀可以更改版本号，找到相应的版本下载。

下载安装对应版本的 cuDNN，这里安装的是 cudnn-windows-x86_64-8.9.2.26_cuda12-archive 版本，解压并完成环境配置。

下面使用 conda 安装。从官方网站下载 Anaconda 或 Miniconda，安装对应版本的安装包。

添加清华镜像源。运行以下命令即可添加清华镜像源，加快安装包的下载速度。

```
conda config --add channels https://mirrors.tuna.tsinghua.edu.cn/
anaconda/pKG/free/
conda config --add channels https://mirrors.tuna.tsinghua.edu.cn/
anaconda/pKG/main/
conda config --set show_channel_urls yes
```

创建对应的 Python 环境，代码如下。

```
conda create -n AI python=3.10.6
conda activate AI
```

接下来安装所需的 pytorch-cuda。安装适用于 CUDA 的 PyTorch，运行以下命令安装 PyTorch 和相应的 CUDA 版本。

```
conda install pytorch torchvision torchaudio pytorch-cuda=11.7 -c pytorch
-c nvidia
```

PyTorch 对应版本页面如图 8.7 所示。

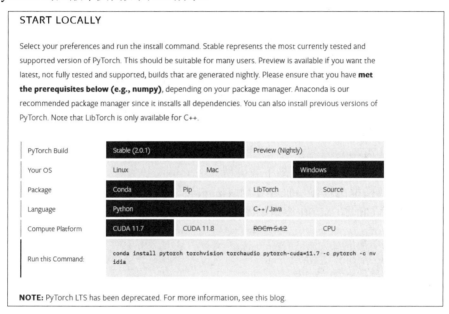

图 8.7　PyTorch 对应版本页面

校验 PyTorch 是否安装成功。首先导入 torch 模块，验证 PyTorch 是否正确配置了 CUDA，如图 8.8 所示。代码如下。

```
import torch
torch.cuda.is_available()
```

图 8.8　验证 PyTorch 是否正确了配置 CUDA

硬件需求如图 8.9 所示。

ChatGLM-6B 模型的 GitHub 下载源码地址为 https://github.com/THUDM/ChatGLM-6B。

量化等级	最低 GPU 显存 (推理)	最低 GPU 显存 (高效参数微调)
FP16 (无量化)	13 GB	14 GB
INT8	8 GB	9 GB
INT4	6 GB	7 GB

图 8.9　硬件需求

使用 git 克隆源码到本地，安装所需的依赖包。如果有缺失依赖的报错，安装对应的包即可。

```
pip install -i https://mirrors.aliyun.com/pypi/simple/ -r
requirements.txt
pip install -i https://mirrors.aliyun.com/pypi/simple/ --no-deps
"SwissArmyTransformer>=0.3.6"
```

下载模型的方式如下。

1）直接运行代码调用的方式来下载模型

由于国内加载模型比较慢，推荐使用 Hugging Face 离线下载所需的模型和代码。Hugging Face 中的 ChatGLM-6B 模型如图 8.10 所示。

图 8.10　Hugging Face 中的 ChatGLM-6B 模型

2）从清华的云上下载

地址为 https://cloud.tsinghua.edu.cn/d/fb9f16d6dc8f482596c2/，清华云中的 ChatGLM-6B 模型如图 8.11 所示。

cloud.tsinghua.edu.cn/d/fb9f16d6dc8f482596c2/
chatglm-6b
共享来源：杜政晓
当前路径：chatglm-6b
ZIP
名称
大小
更新时间
ice_text.model 2.7 MB 3 个月前
LICENSE 11.3 KB 3 个月前
MODEL_LICENSE 2.4 KB 3 个月前
pytorch_model-00001-of-00008.bin 1.7 GB 2 个月前
pytorch_model-00002-of-00008.bin 1.9 GB 2 个月前
pytorch_model-00003-of-00008.bin 2.0 GB 2 个月前
pytorch_model-00004-of-00008.bin 1.9 GB 2 个月前
pytorch_model-00005-of-00008.bin 1.9 GB 2 个月前
pytorch_model-00006-of-00008.bin 1.9 GB 2 个月前
pytorch_model-00007-of-00008.bin 1.1 GB 2 个月前
pytorch_model-00008-of-00008.bin 1.1 GB 2 个月前

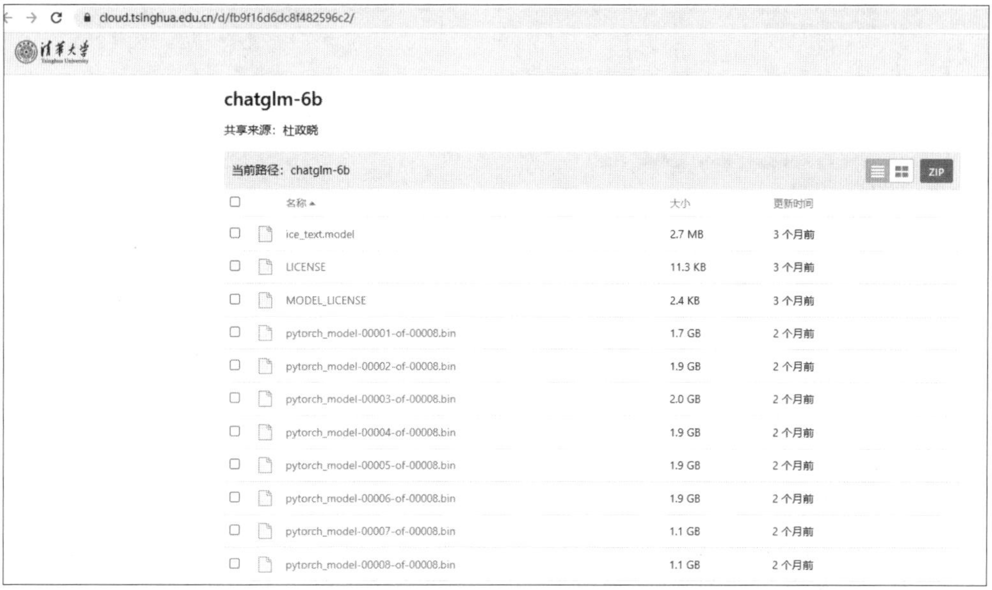

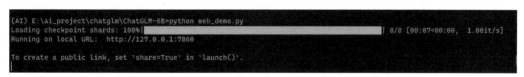

图 8.11　清华云中的 ChatGLM-6B 模型

根据计算机的显卡配置修改 web_demo.py，运行 web_demo.py。ChatGLM-6B 运行成功页面如图 8.12 所示。

(AI) E:\ai_project\chatglm\ChatGLM-6B>python web_demo.py
Loading checkpoint shards: 100%| | 8/8 [00:07<00:00, 1.00it/s]
Running on local URL: http://127.0.0.1:7860
To create a public link, set `share=True` in `launch()`.

图 8.12　ChatGLM-6B 运行成功页面

打开 Web 页面，可以使用 ChatGLM 进行命名实体抽取任务。在该任务中，ChatGLM 可以从文本中识别和提取出具有特定命名实体类型（如人名、地名、组织名等）的实体。这样的功能可以在各种应用场景中发挥作用，例如信息提取、自动化文本处理和知识图谱构建等。可以通过输入文本并与大语言模型进行交互，获取准确的命名实体抽取结果，如图 8.13 所示。

部署 ChatGLM 的 API 步骤如下。

安装依赖，命令如下。

```
pip install -i https://pypi.tuna.tsinghua.edu.cn/simple fastapi uvicorn
```

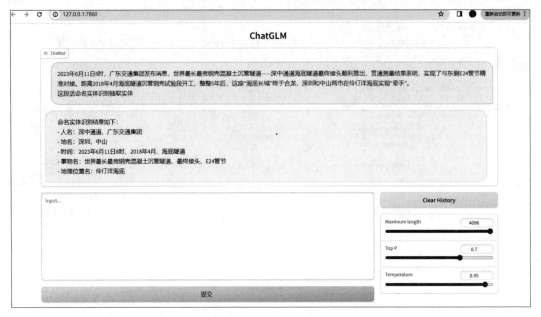

图 8.13　ChatGLM-6B 进行命名实体抽取

修改 api.py 的运行内存和模型位置，运行 api.py。

API 默认部署在本地的 8000 端口，使用 POST 方法进行调用。通过发送 POST 请求，可以将输入数据传递给 API 获取响应结果。

通过命令行使用 curl 工具执行 API 调用，curl 调用 API 示例如下。

```
curl -X POST "http://127.0.0.1:8000" \
    -H 'Content-Type: application/json' \
    -d '{"prompt": "你好", "history": []}'
```

请求的返回结果如下。

```
{
    "response": "你好,
    "history": [
        [
            "你好",
            "你好
        ]
    ],
    "status": 200,
    "time": "2023-07-05 17:16:53"
}
```

使用 Postman 发送 POST 请求得到响应结果，如图 8.14 所示。

图 8.14　Postman 访问接口

2023 年 6 月，GLM 技术团队升级 ChatGLM-6B，发布了 ChatGLM2-6B，ChatGLM2-6B
是开源中英双语对话模型 ChatGLM-6B 的第二代版本，在保留了初代模型对话流畅、部
署门槛较低等众多优秀特性的基础之上，ChatGLM2-6B 有了更强大的性能、更长的上下
文、更高效的推理等表现。

在主要评估 LLM 中文能力的 C-Eval 榜单中，截至 2023 年 6 月 25 日，ChatGLM2-6B
模型以 51.7 的分数位居第六，是榜单上排名最高的开源模型，ChatGLM2-6B 在 C-Eval 榜
单评分排名如图 8.15 所示。可以参考 https://github.com/THUDM/ ChatGLM2-6B 网站内容
进行安装部署，步骤与 ChatGLM-6B 类似。

#	Model	Creator	Submission Date	Avg ▼	Avg(Hard)	STEM	Social Science	Humanities	Others
0	ChatGLM2	Tsinghua & Zhipu.AI	2023/6/25	71.1	50	64.4	81.6	73.7~	71.3
1	GPT-4*	OpenAI	2023/5/15	68.7	54.9	67.1	77.6	64.5	67.8
2	SenseChat	SenseTime	2023/6/20	66.1	45.1	58	78.4	67.2	68.8
3	InternLM	SenseTime & Shanghai AI Laboratory (equal contribution)	2023/6/1	62.7	46	58.1	76.7	64.6	56.4
4	ChatGPT*	OpenAI	2023/5/15	54.4	41.4	52.9	61.8	50.9	53.6
5	Claude-v1.3*	Anthropic	2023/5/15	54.2	39	51.9	61.7	52.1	53.7
6	ChatGLM2-6B	Tsinghua & Zhipu.AI	2023/6/24	51.7	37.1	48.6	60.5	51.3	49.8
7	SageGPT	4Paradigm Inc.	2023/6/21	49.1	39.1	46.6	54.6	45.8	51.8
8	AndesLM-13B	AndesLM	2023/6/18	46	29.7	38.1	61	51	41.9
9	Claude-instant-v1.0*	Anthropic	2023/5/15	45.9	35.5	43.1	53.8	44.2	45.4
10	WestlakeLM-19B	Westlake University and Westlake Xinchen (Scietrain)	2023/6/18	44.6	34.9	41.6	51	44.3	44.5
11	玉言	Fuxi AI Lab, NetEase	2023/6/20	44.3	30.6	39.2	54.5	46.4	42.2
12	bloomz-mt-176B*	BigScience	2023/5/15	44.3	30.8	39	53	47.7	42.7
13	GLM-130B*	Tsinghua	2023/5/15	44	30.7	36.7	55.8	47.7	43
14	baichuan-7B	Baichuan	2023/6/14	42.8	31.5	38.2	52	46.2	39.3
15	CubeLM-13B	CubeLM	2023/6/12	42.5	27.9	36	52.4	45.8	41.8
16	Chinese-Alpaca-33B	Cui, Yang, and Yao	2023/6/7	41.6	30.3	37	51.6	42.3	40.3
17	Chinese-Alpaca-Plus-13B	Cui, Yang, and Yao	2023/6/5	41.5	30.5	36.6	49.7	43.1	41.2
18	ChatGLM-6B*	Tsinghua	2023/5/15	38.9	29.2	33.3	48.3	41.3	38
19	LLaMA-65B*	Meta	2023/5/15	38.8	31.7	37.8	45.6	36.1	37.1
20	Chinese LLaMA-13B*	Cui et al.	2023/5/15	33.3	27.3	31.6	37.2	33.6	32.8
21	MOSS*	Fudan	2023/5/15	33.1	28.4	31.6	37	33.4	32.1
22	Chinese Alpaca-13B*	Cui et al.	2023/5/15	30.9	24.4	27.4	39.2	32.5	28

图 8.15　ChatGLM2-6B 在 C-Eval 榜单评分排名

3. VisualGLM-6B

VisualGLM-6B 是一个开源的多模态对话语言模型，支持图像、中文和英文。基于 ChatGLM-6B，拥有 62 亿参数。在图像部分通过训练 BLIP2-Qformer 构建起视觉模型与语言模型的桥梁，整体模型共有 78 亿个参数。结合模型量化技术，用户可以在消费级的显卡上进行本地部署（INT4 量化级别下最低只需 8.7 GB 显存）。

VisualGLM-6B 环境基本上与 ChatGLM-6B 一致。安装所需的依赖，修改 web_demo_hf.py 的配置，运行 web_demo_hf.py。VisualGLM-6B 运行页面如图 8.16 所示。

```
(AI) E:\ai\VisualGLM-6B>python web_demo_hf.py
[2023-06-12 16:43:51,302] [INFO] DeepSpeed/CUDA is not installed, fallback to Pytorch checkpointing.
[2023-06-12 16:43:51,327] [WARNING] DeepSpeed Not Installed, you cannot import training_main from sat now.
[2023-06-12 16:43:51,427] [INFO] [RANK 0] > initializing model parallel with size 1
[2023-06-12 16:43:51,431] [INFO] [RANK 0] You are using model-only mode.
For torch.distributed users or loading model parallel models, set environment variables RANK, WORLD_SIZE and LOCAL_RANK.
E:\miniconda3\envs\AI\lib\site-packages\torch\nn\init.py:405: UserWarning: Initializing zero-element tensors is a no-op
  warnings.warn("Initializing zero-element tensors is a no-op")
Loading checkpoint shards: 100%|                    | 5/5 [00:08<00:00,  1.67s/it]
3.34.0
Running on local URL:  http://0.0.0.0:8080

To create a public link, set `share=True` in `launch()`.
Specify both input_ids and inputs_embeds at the same time, will use inputs_embeds
```

图 8.16　VisualGLM-6B 运行页面

　　打开 Web 页面，可以使用 VisualGLM 进行图像识别，图 8.17 和图 8.18 分别为 VisualGLM-6B 识别太空电梯图片和识别描述格尔尼卡画作的结果。

图 8.17　VisualGLM 识别太空电梯图片的结果

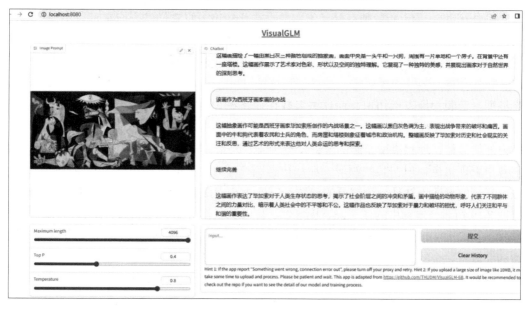

图 8.18　VisualGLM-6B 识别描述格尔尼卡画作的结果

8.2 大语言模型与知识图谱的融合

知识图谱和大语言模型之间存在着紧密的关系，并且相互促进和补充，为自然语言处理和知识推理提供了新的机遇和挑战。

8.2.1 统一大语言模型与知识图谱

大型语言模型通过在大规模语料库上进行预训练，在各种自然语言处理任务中展现出了出色的性能。这些任务包括问题回答、机器翻译和文本生成等。LLM 利用深度神经网络和大量参数，通过学习语言上下文和语义信息，能够理解和生成人类语言。它们在自然语言处理领域的广泛应用已经取得了令人瞩目的成就，并对自然语言理解和生成的研究产生了深远的影响。

随着时间的推移，研究人员和从业人员越来越关注将大型语言模型和知识图谱统一起来的可能性。LLM 和 KG 在本质上是相互关联的，它们可以相互增强。LLM 能够理解和生成自然语言，而 KG 则存储了丰富的结构化知识。将它们结合起来可以实现更深入的语义理解和知识推理，从而提升自然语言处理的能力。

截至 2023 年 6 月，作为黑箱模型，LLM 在捕捉和获取事实知识方面仍有所欠缺，可解释性有待完善。相对而言，维基百科这种可以存储大量结构化的事实知识。LLM 通过模型参数隐含地表示知识，而这些参数往往是在大规模数据上进行训练得到的。由于模型的复杂性和参数量的庞大，LLM 的决策过程难以被直接解释和理解。这使得对于模型内部的具体推理和决策原因的解释变得困难。因此，虽然 LLM 在自然语言处理和其他任务中表现出色，但在某些领域，如法律、医疗等对模型的解释和可信度要求较高的领域，其可解释性仍然是一个重要的问题，需要进一步探索和解决。LLM 和 KG 的优缺点如图 8.19 所示（本章中的图 8.28、图 8.29、图 8.30、图 8.31、图 8.34、图 8.40 均来源于 *Unifying Large Language Models and Knowledge Graphs: A Roadmap* 论文，该论文对知识图谱和大模型融合的前景进行了探究，本章部分内容也参考了该论文）。

近几年具有代表性的大模型的发展路线如图 8.20 所示。从 2016 年 3 个不同的架构开始沿着不同的方向在发展。

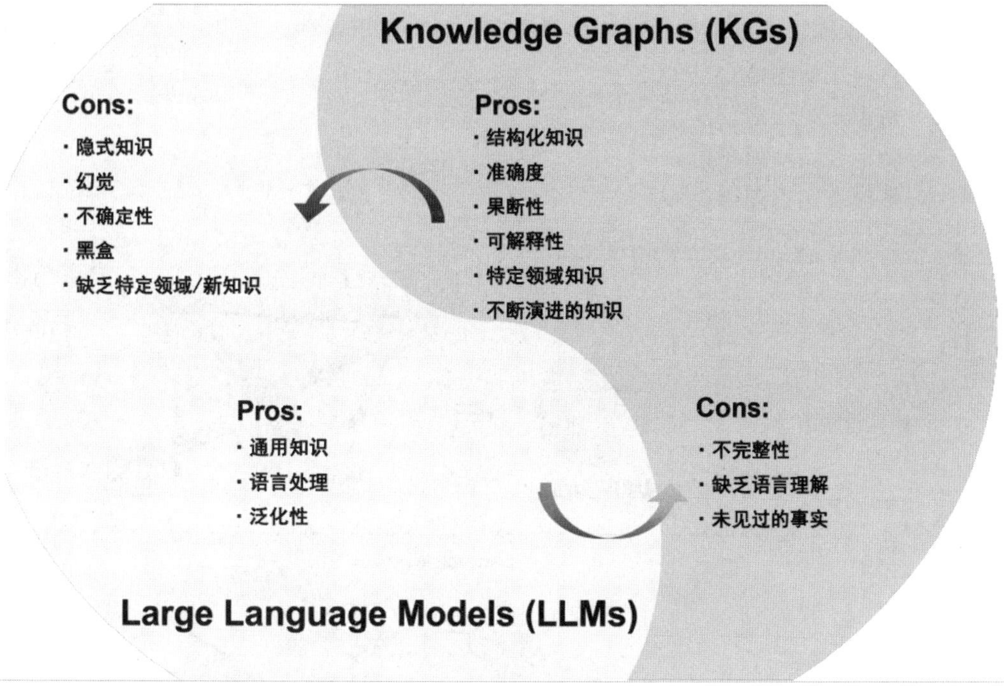

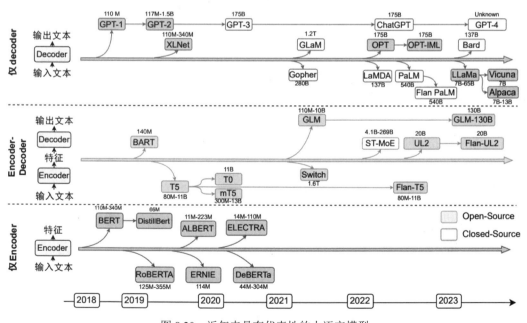

图 8.19　LLM 和 KG 的优缺点

图 8.20　近年来具有代表性的大语言模型

现有的知识图谱可以根据存储的信息不同被分为以下 4 种。

（1）百科知识图谱。

（2）常识知识图谱。

（3）特定领域知识图谱。

（4）多模态知识图谱。

不同类别的知识图谱示例如图 8.21 所示。

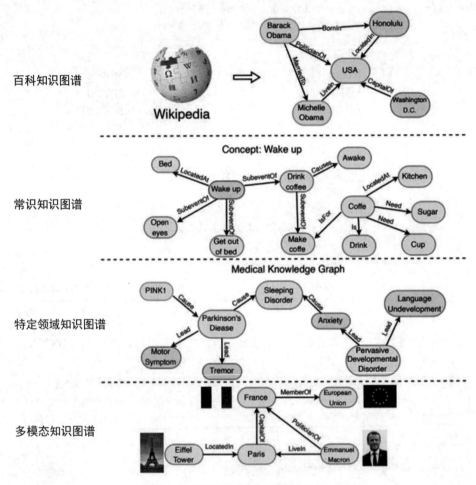

图 8.21　不同类别的知识图谱示例

统一 LLM 和 KG 的 3 个框架，包括 KG 增强的 LLM、LLM 增强的 KG，以及协同的 LLM+KG。统一 KG 和 LLM 的路线图如图 8.22 所示。

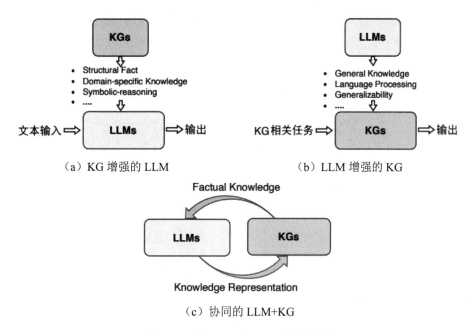

（a）KG 增强的 LLM　　　　　　（b）LLM 增强的 KG

（c）协同的 LLM+KG

图 8.22　统一 KG 和 LLM 的路线图

1．KG 增强的 LLM

1）KG 增强的 LLM 预训练

KG 增强的 LLM 预训练分为 KG 增强的 LLM 预训练、KG 集成到 LLM 的输入中、通过附加融合模块将 KG 集成到 LLM 中这 3 种情况。

（1）KG 增强的 LLM 预训练。

这方面的研究工作主要集中在设计新的知识感知的训练目标。一种常见的方法是在预训练目标中暴露更多的知识实体。

例如，GLM 利用知识图谱的结构来分配掩蔽概率。具体而言，在预训练期间，那些可以通过一定数量跳数到达的实体被认为是最重要的学习实体，因此它们被赋予更高的掩蔽概率。另一个例子是 E-BERT，它通过动态地调整标记级别和实体级别训练损失之间的平衡来控制学习过程。训练损失值被用作指示标记和实体学习的重要性，并在下一个训练周期中动态确定它们的比例。SKEP 也采用了类似的融合策略，在 LLM 的预训练过程中注入情感知识。首先，SKEP 通过 PMI 和一组预定义的种子情感词确定具有积极和消极情感的词语。然后，它为这些被确定的情感词在掩盖目标中分配了较高的掩盖概率。

另一个相关的研究方向是明确利用知识和输入文本之间的联系。

例如，如图 8.23 所示，其中 h 表示 LLM 生成的隐藏表示。ERNIE 提出了一种新的词——实体对齐训练目标，作为预训练目标。具体而言，ERNIE 将提到的句子和相应的实体作为输入传递给 LLM，并通过训练 LLM 来预测文本标记与知识图谱中的实体之间的对齐链接。

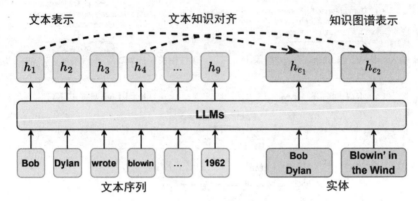

图 8.23　通过文本知识对齐损失将 KG 信息注入 LLM 训练目标

KALM 通过纳入实体嵌入来增强输入的标记。除了传统的标记预测预训练任务，KALM 还引入了一个实体预测预训练任务，旨在提高 LLM 捕捉与实体相关的知识的能力。

KEPLER 直接将知识图谱嵌入到预训练目标和掩蔽标记预训练目标中，使用一个基于共享变压器的编码器。

确定性的 LLM 专注于预训练语言模型以捕捉确定性的事实知识。它仅对具有确定性实体的问题跨度进行掩蔽，并引入了额外的线索对比学习和线索分类目标。

WKLM 首先用同类型的其他实体替换文本中的实体，然后将其输入到 LLM 中进行预训练。该模型进一步预训练以区分被替换的实体和原始实体。

这些方法旨在明确利用知识和文本之间的联系，通过设计新的预训练目标或引入知识嵌入来增强大型语言模型对知识的理解和表达能力。

（2）KG 集成到 LLM 的输入中。

使用图结构将 KG 信息注入 LLM 输入如图 8.24 所示，这类研究的重点是将相关的知识子图引入 LLM 的输入中。

ERNIE 3.0 采用了一种将知识图谱三元组和相关句子表示为一系列标记，并直接与句子连接起来的方法。它随机掩盖了三元组中的关系标记或句子中的标记，以更好地将知识与文本表示结合起来。然而，这种直接串联知识三元组的方法允许句子中的标记与知识子图中的标记密切地交互，这可能引入知识噪声。

为了解决这个问题，K-BERT 首先通过一个可见矩阵将知识三元组注入到句子中。在该矩阵中，只有知识实体可以访问知识三元组的信息，而句子中的标记只能在自注意力模块中相互关注。

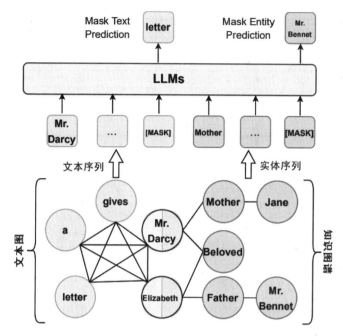

图 8.24　使用图结构将 KG 信息注入 LLM 输入

为了进一步减少知识噪声，Colake 提出了一个统一的词——知识网络。在该网络中，输入句子中的标记形成一个完全连接的词图，其中与知识——边界实体对齐的标记与它们相邻的实体相连。

上述方法确实可以将大量知识注入到 LLM 中。然而，它们大多关注流行的实体，而忽略了低频和长尾实体。DkLLM 旨在改善 LLM 对这些实体的表示。该方法首先提出了一种新的测量方法来确定长尾实体，并用伪标记嵌入来替代文本中的这些选定实体作为大型语言模型的新输入。

（3）通过附加融合模块将 KG 集成到 LLM 中。

如图 8.25 所示，ERNIE 提出了一个"文本-知识双编码器"架构。其中，T-编码器用于对输入的句子进行编码，而 K-编码器则处理知识子图并将其与 T-编码器的文本表示进行融合。

类似地，BERT-MK 也采用了双编码器结构，但在 LLM 的预训练过程中，在知识编码器部分引入了相邻实体的额外信息。

然而，KG 中的一些相邻实体可能与输入文本无关，导致额外的冗余和噪声。

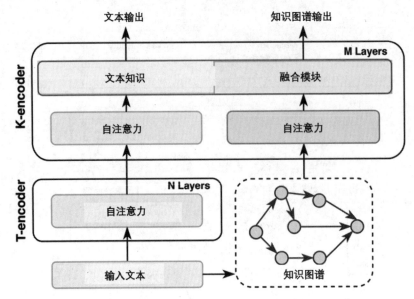

图 8.25　通过附加融合模块将 KG 集成到 LLM 中

CokeBERT 解决了这个问题，它引入了一个基于 GNN 的模块，利用输入文本来过滤不相关的 KG 实体。

JAKET 提出了大型语言模型的中间融合实体信息。该模型的前半部分分别处理输入文本和知识实体序列。然后将文本和实体的输出结合在一起。具体来说，实体表示被添加到其对应的文本表示位置，并在模型的后半部分进一步处理。

K-adapters 通过适配器融合了语言和事实知识。它在转换层中间添加可训练的多层感知器，而大型语言模型的现有参数在知识预训练阶段保持冻结。这样的适配器是相互独立的，可以并行训练。

这些方法的目标是将知识与文本表示结合起来，从而提高 LLM 对知识的理解和表达能力，并为知识图谱与大型语言模型的融合带来了更多的灵活性和性能提升。

2）KG 增强 LLM 推理结果

在 LLM 的推理阶段利用 KG，使 LLM 能够获取最新的知识而无须重新训练。

然而，现实世界的知识是可以改变的，上述方法的局限性在于它们不允许在不重新训练模型的情况下更新已融合的知识。

因此，在推理过程中，它们可能无法很好地归纳出未见过的知识。为了解决这个问题，许多研究致力于保持知识空间和文本空间的分离，并在推理过程中注入知识。这些方法主要集中在问题回答（QA）任务上，因为 QA 需要模型同时捕捉文本语义和最新的现实世界知识。

（1）动态知识融合。

一种常见的方法是使用动态知识融合。这种方法通常使用双塔架构，其中一个模块处理文本输入，另一个模块处理相关的知识图谱输入。然而，这种方法缺乏文本和知识之间的互动。

为了改进这一点，一些方法提出了增强文本表示的方式，例如对 KG 进行编码或使用 LLM 的最终输出来指导推理过程。此外，一些方法采用了基于图神经网络（GNN）的模型，通过消息传递和关注机制实现文本和知识之间的双向互动。

部分方法仍然存在一些限制，例如信息融合性能有限或文本输入只被汇集成一个密集向量。为了克服这些限制，一些方法提出了细粒度的文本和知识互动机制，使文本中的任何标记和知识图谱中的任何实体之间都可以进行细致的互动。这些不同的方法旨在提高 LLM 对知识的利用和推理能力，从而使其能够更好地应对现实世界中不断变化的知识需求。

用于 LLM 推理的动态知识图融合如图 8.26 所示，成对的点积分数被计算在所有文本标记和 KG 实体之间，双向关注的分数则单独计算。此外，在每个 JointLK 层，KG 还会根据注意力得分进行动态修剪，以便后续层能够更专注于更重要的子 KG 结构。

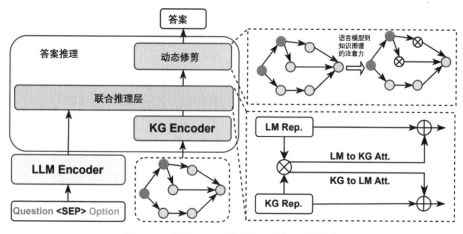

图 8.26　用于 LLM 推理的动态知识图融合

这些方法都很有效，但在 JointLK 中，输入文本和 KG 之间的融合过程仍然使用最终的 LLM 输出作为输入文本表示。为了进一步提升融合效果，GreaseLM 在 LLM 的每一层都设计了丰富而深入的文本标记和 KG 实体之间的互动。这种设计使每个层都可以通过细粒度的互动来捕捉文本和知识之间的关联信息，并且不再依赖于最终的 LLM 输出。这样一来，模型能够更充分地利用知识图谱中的信息，并将其有效地整合到文本表示中。通过引入这种深度和丰富的文本-KG 互动，GreaseLM 在知识融合方面取得了更好的效果，提高了模型的推理能力和对未见知识的泛化能力。这为大型语言模型和知识图谱的融合提供了新的思路和方法。

（2）检索增强知识融合。

与上述将所有知识存储在模型参数中的方法不同，RAG（retrieval-augmented generation）提出了一种结合非参数和参数模块来处理外部知识的方法，如图 8.27 所示。

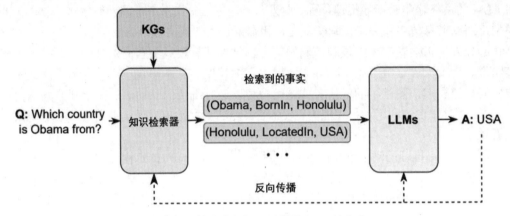

图 8.27　检索外部知识以增强 LLM 的生成

具体而言，给定输入文本，RAG 首先通过多项信息检索（MIPS）在非参数模块中搜索与知识图谱相关的文档。这些文档被视为隐藏变量 z，并作为额外的上下文信息传递给 Seq2Seq 语言模型，以指导输出的生成过程。

研究表明，在不同的生成步骤中使用不同的检索文档作为条件，比只使用一个文档来指导整个生成过程表现更好。这种方式使模型能够根据需要引入不同的知识片段，从而提高生成文本的质量和多样性。

实验结果表明，RAG 在开放领域的质量评估中优于其他纯参数和非参数的基线模型。相比其他纯参数的基线模型，RAG 能够生成更具体、更多样、更真实的文本。

此外，还有其他相关工作对 RAG 进行了改进。例如，Story-fragments 通过引入额外的模块来确定突出的知识实体，并将其融合到生成器中，进一步提高了生成长篇故事的质量。EMAT 通过将外部知识编码为键值存储器，并利用快速的最大内积搜索进行存储器查询，进一步提高了系统的效率。REALM 提出了一种新型的知识检索器，可以帮助模型在预训练阶段从大型语料库中检索和处理文档，并成功地全面提高了开放领域问题回答的性能。KGLM 使用当前上下文从知识图谱中选择事实，以生成相关的句子，并借助外部知识图谱的帮助，可以使用域外的词语或短语来描述事实。

3）KG 增强 LLM 可解释性

利用 KG 来理解 LLM 学到的知识和解释 LLM 的推理过程。尽管大型语言模型在许多自然语言处理任务中取得了显著的成功，但其缺乏可解释性成为一个受到批评的问题。

可解释性是指对大型语言模型的内部运作和决策过程的理解和解释。这对于提高模型的可信度以及在医疗诊断和法律判断等高风险场景中的应用至关重要。

知识图谱从结构上代表了知识，并且能够为推理结果提供良好的可解释性。因此，研究人员试图利用知识图谱来提高大型语言模型的可解释性。这些研究可以大致分为两类：用于探测 LLM 中知识的知识图谱和用于 LLM 分析的知识图谱。

（1）用于探测 LLM 中知识的知识图谱。

探测 LLM 中的知识的目的是了解模型内部所存储的知识。尽管在大规模语料库上训练的 LLM 通常被认为包含大量的知识，但这些知识以一种隐蔽的方式存储，使我们很难了解其中的细节。此外，LLM 还存在幻觉问题，即生成的语句可能与事实相矛盾，这严重影响了模型的可靠性。

因此，有必要对存储在 LLM 中的知识进行探测和验证。

LAMA（language model analysis）可以使用知识图谱来探测 LLM 中知识的工作。如图 8.28 所示，LAMA 使用预先定义的提示模板将知识图谱中的事实转换为 cloze 语句，并使用 LLM 来预测缺失的实体。这样可以检测 LLM 对特定知识的理解和反应。

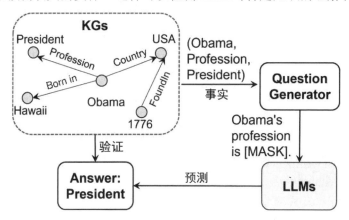

图 8.28　检索外部知识以增强 LLM 的生成

预测结果被用来评估存储在大型语言模型中的知识。例如，为了探索 LLM 是否具备某个特定事实的知识（如"奥巴马，职业，总统"），可以将该事实转换为一个问题形式，如"奥巴马的职业是什么？"，然后测试 LLM 是否能正确预测答案为"总统"。LAMA 在这个过程中忽略了提示语，导致生成了不恰当的事实。例如，使用提示语"奥巴马曾作为"可能比"奥巴马是职业"更有助于语言模型对空白的预测。

因此 LPAQA 提出了一种基于挖掘和转述的方法，用于自动生成高质量和多样化的提示语，以更准确地评估语言模型中所包含的知识。Adolphs 等人尝试利用实例使语言模型理解查询，实验证实 BERT-large 在 T-REx 数据集上取得了实质性改进。与使用手动定义的提示模板不同，Autoprompt 提出了一种自动方法，即基于梯度引导的搜索，用于创建提示语。

BioLAMA 和 MedLAMA 不使用百科全书和常识性知识图谱，而是使用医学知识图谱来探测 LLM 中的医学知识。这些方法专注于在特定领域中探索 LLM 的知识，并为医学领域的语言理解任务提供了更精确和可靠的知识支持。

（2）用于 LLM 分析的知识图谱。

用于预训练语言模型分析的知识图谱旨在回答以下问题，如"LLM 是如何产生结果的？"以及"功能和结构在 LLM 中是如何工作的？"。

为了分析 LLM 的推理过程，KagNet 和 QA-GNN 利用基于知识图谱的结构来跟踪 LLM 在每个推理步骤中产生的结果，如图 8.29 所示。

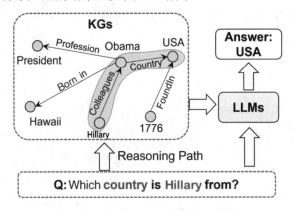

图 8.29　用于 LLM 分析的知识图谱

这样一来，LLM 的推理过程就可以通过从知识图谱中提取的图结构来解释。

具体而言，Shaobo 等人研究了 LLM 如何正确生成结果，并采用了从知识图谱中提取的因果事实进行启发式的分析，该分析定量地测量了 LLM 生成结果所依赖的单词模式。结果显示，LLM 更多地依赖于位置相关的词语而不是基于知识的词语来生成缺失的事实。因此，他们声称 LLM 在记忆事实性知识方面表现不佳，因为其依赖性不准确。

为了解释 LLM 的训练过程，Swamy 等人在预训练阶段采用了语言模型来生成知识图谱。通过 KG 中的事实，可以明确解释 LLM 在训练过程中获得的知识。

为了探索隐含知识如何存储在 LLM 的参数中，Dai 等人提出了知识神经元的概念。具体来说，确定性的知识神经元的激活与知识表达高度相关。因此，通过抑制和放大知识神经元的激活，可以探索每个神经元所代表的知识和事实。这种方法可以帮助我们理解 LLM 中参数的含义以及如何存储和表示知识。

2. LLM 增强的 KG

知识存储的结构化知识在许多实体应用中发挥着重要作用。根据 LLM 的通用性，许多研究人员正在尝试利用 LLM 的强大能力来解决与 KG 相关的任务。最直接的方法是将 LLM 作为文本编码器应用于 KG 相关任务。研究人员利用 LLM 来处理 KG 中的文本语料，并利用文本的表示来丰富 KG 的表达。

一些研究还利用 LLM 处理原始语料，并提取关系和实体来构建 KG。最近的研究尝试设计一种 KG 提示，以有效地将结构化 KG 转换为 LLM 可以理解的格式。这样，LLM 可以直接应用于与 KG 相关的任务，如 KG 补全和 KG 推理。

LLM 增强的 KG（LLM-augmented KG）使得 LLM 可以被应用于增强各种与 KG 相关的任务。

根据任务类型，这项工作将与 LLM 增强的 KG 相关的研究分为 5 个主要类别。

1）LLM-augmented KG embedding

应用 LLM 对实体和关系的文本描述进行编码，以丰富 KG 的表示已成为一个重要的研究方向。

Pretrain-KGE 是一个有代表性的方法，采用了图 8.30 所示的框架。给定来自 KG 的三元组(h,r,t)，该方法首先使用一个 LLM 编码器将实体 h、t 和关系 r 的文本描述编码为表示形式。

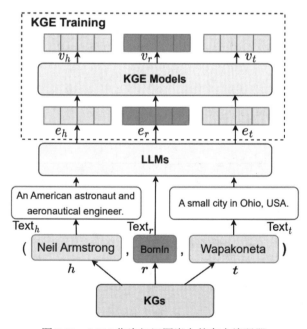

图 8.30　LLM 作为知识图嵌入的文本编码器

　　另一种方法是直接使用 LLM 将图结构和文本信息纳入嵌入空间，而不使用知识图谱嵌入模型来考虑图结构。kNN-KGE 是一个示例，如图 8.31 所示，它将实体和关系作为 LLM 的特殊标记。具体而言，kNN-KGE 使用 LLM 对实体和关系的文本描述进行编码，并将它们作为特殊标记嵌入到 LLM 的嵌入空间中。

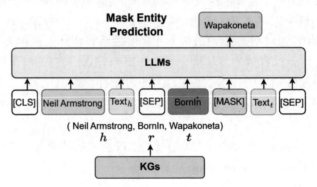

图 8.31　用于联合文本和知识图谱嵌入

2）LLM-augmented KG completion

　　利用 LLM 来编码文本或生成事实以提高 KGC 的性能。如图 8.32 所示，一种常见的方法是使用纯编码器的 LLM 来对文本信息和 KG 事实进行编码。首先，LLM 将文本信息和 KG 事实转换为表示形式，捕捉它们的语义特征。然后，通过将编码后的表示输入到预测头中，来预测三元组的可信度。预测头可以采用不同的形式，如一个简单的多层感知机（MLP）或传统的 KG 评分函数（如 TransE 和 TransR）。

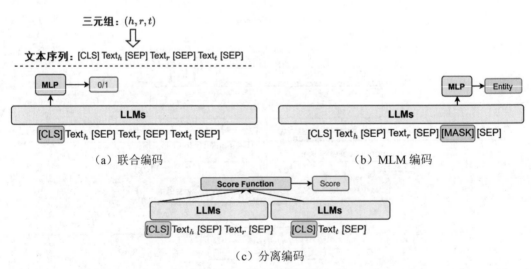

图 8.32　采用 LLM 作为 KG 完成的编码器（PaE）的总体框架

将 LLM 作为知识图谱补全（KGC）中序列到序列的生成器。如图 8.33 所示，LLM 接收三元组的序列文本输入（h,r,?），其中 h 是头部实体，r 是关系，"?" 是待预测的尾部实体。

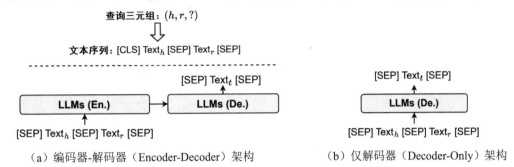

（a）编码器-解码器（Encoder-Decoder）架构　　　（b）仅解码器（Decoder-Only）架构

图 8.33　采用 LLM 作为 KG 完成的解码器的总体框架，编码器和解码器

尽管不同的知识图谱补全任务可能具有不同的条件和要求，但它们通常都采用类似的文本格式，这使得不同任务之间可以实现统一的方法和技术。

KG-S2S 方法综合了多种技术，包括实体描述、软提示和 Seq2Seq Dropout，以提高模型在 KGC 任务中的性能。此外，它还利用约束性解码来确保生成的实体是有效的。

对于闭源的大型语言模型（如 ChatGPT 和 GPT-4），AutoKG 采用提示工程的方法，设计定制的提示语来引导模型进行知识图谱补全任务。如图 8.34 所示，这些提示语包含任务描述、少数示例和测试输入，指示大型语言模型预测知识图谱补全任务中的尾部实体。

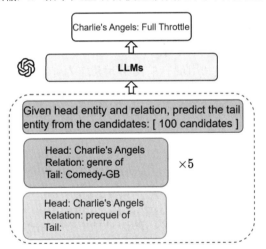

图 8.34　用于 KG 补全的基于提示的 PaG 框架

3）LLM-augmented KG construction

应用 LLM 来解决实体发现、关系提取任务，以构建 KG。

　　知识图谱的构建涉及在特定领域中创建结构化的知识表示，其中包括实体的识别以及实体之间的关系。知识图谱的构建过程通常包括多个阶段，即实体发现、属性提取和关系提取。图 8.35 展示了在知识图谱构建的每个阶段应用 LLM 的一般框架。

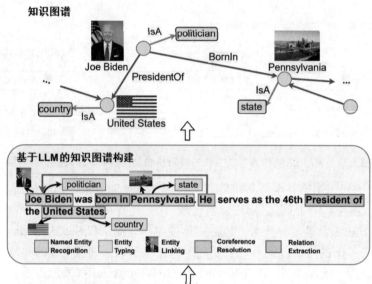

图 8.35　基于 LLM 的知识图谱构建的总体框架

　　LLM 已经被证明具有隐含编码大量知识的能力。从 LLM 中提取 KG 的总体框架如图 8.36 所示，一些研究工作致力于从 LLM 中提取知识以构建 KG。其中，COMET 提出了一种常识迁移模型，该模型利用现有的图谱元素作为训练中的知识种子集，用于构建常识型知识图谱。通过使用这个种子集，LLM 能够将其学习到的表示适应于知识生成，并生成高质量的新的图谱元素。实验结果表明，LLM 中的隐性知识可以转换为生成显性知识，并成功地迁移到常识型知识图谱中。

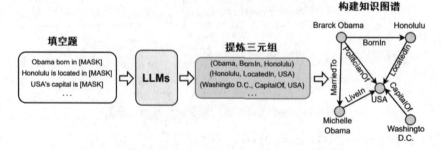

图 8.36　从 LLM 中提取 KG 的总体框架

4）LLM-augmented KG-to-text generation

利用 LLM 来生成描述 KG 事实的自然语言是知识图谱到文本（KG-to-text）生成的目标，KG 到文本生成的总体框架如图 8.37 所示。KG-to-text 生成的任务旨在以高质量、准确和一致的方式生成描述输入的知识图谱信息的文本。通过将知识图谱和文本连接起来，KG-to-text 生成大大改善了知识图谱在更现实的自然语言生成场景中的适用性，如故事讲述和基于知识的对话。

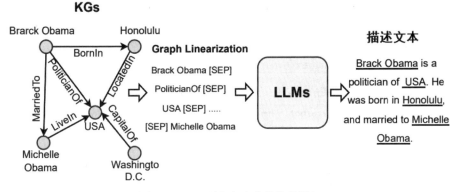

图 8.37　KG 到文本生成的总体框架

收集大量的图文并行数据是具有挑战性的，并且成本较高，导致训练数据不足，从而影响生成文本的质量。为了解决这个问题，许多研究工作采用了重新排序的方法，通常利用 LLM 的知识或构建大规模的弱监督 KG-文本语料库。这些方法旨在利用 LLM 对大规模语料库的预训练能力，提高 KG-to-text 生成任务的性能。通过借助 LLM 的知识和预训练模型的表示能力，可以生成更准确、连贯和自然的描述性文本。

5）LLM-augmented KG question answering

知识图谱问答（KGQA）任务的目标是根据存储在知识图谱中的结构化事实来回答自然语言问题。KGQA 面临的一个主要挑战是检索与问题相关的事实，并将知识图谱的推理能力扩展到问题回答的过程中。

为了应对这个挑战，最近的研究开始利用 LLM 来填补自然语言问题和结构化知识图之间的鸿沟。

图 8.38 展示了将 LLM 应用于知识图谱问答的总体框架，其中 LLM 可以用作实体/关系提取器和答案推理器。

作为实体/关系提取器，LLM 可以利用其强大的语言理解能力从自然语言问题中提取问题涉及的实体和关系。作为答案推理器，LLM 可以使用存储在知识图谱中的结构化事实来推理问题的答案。LLM 可以根据问题和知识图谱的信息进行联合推理，从而提高 KGQA 的准确性和鲁棒性。

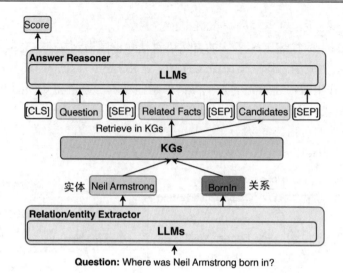

图 8.38　LLM 应用于知识图谱问答的总体框架

3．协同的 LLM+KG

LLM 和 KG 是两种本质上互补的技术，它们应该被统一到一个通用的框架中，相互协同，以提高整体性能。

图 8.39 中提出了一个协同的 LLM+KG 的总体框架，包含四个层次：数据、协同作用的模型、技术和应用。

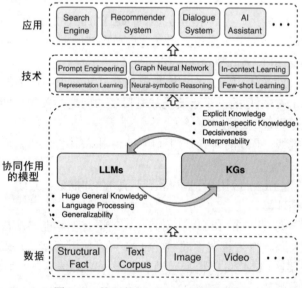

图 8.39　协同的 LLM+KG 的总体框架

（1）在数据层，LLM 和 KG 分别用于处理文本和结构化数据。随着多模态 LLM 和 KG 的发展，这个框架可以扩展到处理多模态数据，如视频、音频和图像。

（2）在协同模型层，LLM 和 KG 可以相互协同工作，共同提高各自的能力。LLM 可以利用 KG 中的结构化知识进行推理和语义理解，而 KG 可以通过 LLM 提供的语言模型来丰富和解释知识。

（3）在技术层，已经在 LLM 和 KG 中使用过的相关技术（知识图谱构建、知识图谱补全、知识图谱推理、语言模型预训练等技术）可以被纳入这个统一框架，以进一步提高性能。

（4）在应用层，LLM 和 KG 可以被整合到一起，以解决各种现实世界的应用问题，如搜索引擎、推荐系统、智能助手等。通过 LLM 和 KG 的协同作用，可以提供更准确、更丰富的知识表示和推理能力，从而改善下游应用的性能。

协同的 LLM+KG 的统一框架为将 LLM 和 KG 结合起来的研究提供了指导和框架，促进了这两种技术在知识表示和推理领域的进一步发展。

统一 LLM 和 KG 知识表示的总体框架如图 8.40 所示。

KEPLER 是一个统一的知识嵌入和预训练的语言表示模型，它提出了一种将 LLM 用于编码文本实体描述的方法，并共同优化知识嵌入和语言建模的目标。在 KEPLER 中，LLM 被用作编码文本实体描述的工具，将实体描述转换为向量表示形式。这些向量表示捕捉了实体描述的语义信息和上下文关联。同时，KEPLER 通过共同优化知识嵌入和语言建模的目标，使得知识嵌入和语言表示能够相互促进和增强。

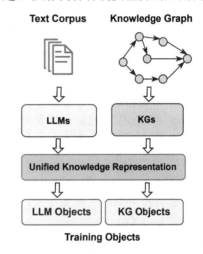

图 8.40　统一 LLM 和 KG 知识表示的总体框架

8.2.2　大语言模型与知识图谱前景

下面介绍知识图谱相关的应用。

1. 大语言模型应用前景

在 OpenAI 的 ChatGPT 中引入了插件的支持。插件是专门为语言模型设计的工具，以确保安全，并帮助 ChatGPT 获取最新的信息、执行计算或使用第三方服务，ChatGPT 能够接入网络，获取最新的数据信息。

微软在此基础上推出一些与大模型相结合的服务，如 Microsoft 365 Copilot、Bing Chat、Windows Copilot 等。

Microsoft 365 Copilot 将 LLM 与 Microsoft Graph 中的数据协同使用，将语言转换为强大的工具应用。这意味着在 Word、PPT、Excel、Outlook、Teams 等办公软件中都可以享受到 AI 的协同能力，从而大大提高工作效率。常用的 Word、Excel、PPT 通过 AI 协同可以更快地完成工作，常用特点如下：

- ☑ Word：简短提示，生成高质量内容。
- ☑ Excel：告别复杂公式。
- ☑ PPT：美观又丰富。

Bing Chat 同时完善了用户的搜索体验。

1）搜索

搜索是 Bing Chat 的基础功能，用户可以在必应或 Edge 的搜索框中输入任何内容，Bing Chat 将返回相关的网页搜索结果。与传统的必应搜索相比，Bing Chat 的搜索结果不仅仅是一堆链接，它还提供更多的信息和建议，根据用户的输入内容进行智能推荐。

2）回答

回答是 Bing Chat 的进阶功能。用户可以在必应或 Edge 的搜索框中输入任何问题，Bing Chat 会尝试给出完整的答案，与传统的必应知识图谱有所不同。传统的必应知识图谱主要回答一些事实性的问题，而 Bing Chat 则可以回答更多类型的问题。Bing Chat 的回答不仅仅是文字，它还会根据问题的类型提供更丰富的视觉效果，如图表、图片、视频等。这样用户可以更直观地获取答案，并有更多的信息展示方式可供选择。无论是简单的事实性问题还是更复杂的主观性问题，Bing Chat 都致力于提供全面和准确的回答，使用户能快速获取所需信息。

3）聊天

聊天是 Bing Chat 的创新功能。用户可以在必应或 Edge 的搜索框中输入任何话题，Bing Chat 会与用户进行智能对话，这与传统的必应搜索完全不同。传统的必应搜索只能处理用户的单次查询，无法维持一个连贯的对话。而 Bing Chat 可以理解用户的上下文，记住用户的历史，实现一个持久的聊天体验。Bing Chat 的聊天不仅仅是问答，它还会根据用户的兴趣提供更多的建议和互动。无论是讨论最新的新闻话题、询问美食推荐、寻找旅行建议还是进行闲聊，Bing Chat 都可以以友好、自然的方式与用户进行交流。通过聊天功能，用户可以获得更加个性化和互动性强的搜索体验。Bing Chat 会根据用户的兴趣和需求提供相关的信息、建议和娱乐内容，使用户感到更加舒适和满意。

4）创造

创造是 Bing Chat 的独特功能。用户可以在必应或 Edge 的搜索框中输入任何创意，Bing Chat 会与用户一起创造内容，这与传统的必应搜索完全不同。传统的必应搜索只能提供用户已经存在的内容，而无法帮助用户创造新的内容。而 Bing Chat 利用 GPT-4 强大的生成能力，可以帮助用户创造各种类型的内容。无论是写作、设计、编程还是其他创意领域，用户可以向 Bing Chat 提供自己的创意，然后 Bing Chat 会生成相关的文字、图像、代码等内容，为用户提供创作的灵感和支持。Chat 的创造功能不仅仅是生成单一的结果，它还可以与用户进行交互，进行进一步的迭代和改进。用户可以与 Bing Chat 一起探索不同的创意方向，调整和完善生成的内容，从而实现更具创造力和个性化的创作过程。通过创造功能，Bing Chat 为用户提供了一个灵感激发和创意协作的平台，帮助用户在各个领域中实现创意的转换和表达。无论是专业创作者还是普通用户，都可以通过与 Bing Chat 的互动，开拓创作的可能性，创造出独特、有趣和富有创意的内容。

Bing Chat 同时提供对第三方插件的支持，使用户能够在聊天过程中使用其他服务或功能。通过集成第三方插件，Bing Chat 可以扩展其功能和服务的范围，为用户提供更多的选择和便利。用户可以根据自己的需求和偏好，选择并安装适合的插件，以增强其体验。

微软开发者可以通过"插件"的方式将应用和服务集成到 Microsoft 365 Copilot 中。首批支持的插件包括 ChatGPT、Teams 信息扩展和 Power Platform 连接器等。

Windows Copilot 构建了一个连接自然语言和编程语言的桥梁，成为一个为用户提供集中式 AI 协助的 PC 平台。插件作为模型能力的载体，构建了基于 AI 模型的应用生态系统。Windows Copilot、Bing Chat 以及第一/第三方插件的组合使用户能够专注于将自己的想法转换为现实，完成复杂的项目和协作，而无须花费精力在多个应用程序之间进行搜索、启动和切换。

同时，国产厂商，如百度文心一言、阿里通义系列大模型等均将自己开发的大模型接入自家系统中且对外开发，截至 2023 年 6 月，国内已有接近百家大模型发布，且大多数都已开源。

大语言模型不止在互联网上有着广泛的应用，同时厂商也在自动驾驶、芯片设计、工业制造等场景进行探索和实践。

2. 知识图谱的前景

尽管当前知识图谱在解释性和知识扩展性等方面相对于大语言模型仍具有优势，但与生成式人工智能技术的快速发展相比，以知识图谱为代表的大数据时代的知识工程研究范式必将被重新塑造，知识图谱的研究和应用前景可以体现在以下方面。

（1）在传统的知识图谱研究范式下，大语言模型对于图谱构建应用的改变提供了新的机遇。重点可以放在利用大语言模型的语义信息计算和表示能力来辅助图谱构建和应用中涉及语义计算过程的中间任务。例如，辅助图谱构建中的知识信息抽取、融合和表示，以及辅助图谱应用中问答文本的语义解析等方面。

（2）在图谱研究应用的新范式过渡期中，大语言模型对于图谱构建应用的改变提供了新的机遇。重点可以放在图谱中结构化组织知识信息以参数化表示的方面，以及利用大语言模型在已构建的知识图谱中进行知识推理分析。在图谱结构化知识信息的参数化表示方面，关注结构化知识在大语言模型中的存储、更新和删除等方面的研究。在利用知识图谱中的大语言模型进行推理分析方面，关注如何利用外部知识图谱，结合大语言模型的推理分析能力，构建面向外部知识图谱的知识问答系统等。